编委会

主　编：
叶朝辉　骆清铭

副主编：
张　涛　林　林　陆培祥

编　委：
张新亮　夏　松　朱　芮　刘买利　唐　江　王　健
吴　非　李文龙　徐书华　骆卫华　周　铭　郜定山
孙军强　董建绩　熊　伟　余　宇　邓磊敏

秘　书：
王　珍

筚路蓝缕启山林
秉烛追光砥砺行

武汉光电国家研究中心20周年发展史

◎ 主编　叶朝辉　骆清铭

中国·武汉

内容简介

本书介绍了武汉光电国家研究中心20年来筚路蓝缕、秉烛追光的发展之路，分为积极申报期、初始创建期、快速发展期、持续提升期四个阶段，着重介绍在党旗领航引路、体制机制创新、立德树人聚才、构筑科研平台、打造重点学科、勇攀科技高峰、立足技术创新、服务区域创新、推动国际合作、普及科学知识等方方面面的工作思路及可喜成果，展示出武汉光电国家研究中心牢记习近平总书记"必须坚持科技是第一生产力、人才是第一资源、创新是第一动力"的重要指示精神，履行国家科技创新基地职责，面向信息光电子、能量光电子、生命光电子三个领域砥砺奋进、追求卓越的精神风貌。

图书在版编目(CIP)数据

筚路蓝缕启山林 秉烛追光砥砺行：武汉光电国家研究中心20周年发展史 / 叶朝辉，骆清铭主编. -- 武汉：华中科技大学出版社，2024. 10. -- ISBN 978-7-5772-1276-0

Ⅰ. TN2-242.631

中国国家版本馆CIP数据核字第2024SX8529号

筚路蓝缕启山林 秉烛追光砥砺行：
武汉光电国家研究中心20周年发展史　　　　　　　叶朝辉　骆清铭　主编
Bilu-lanlü Qi Shanlin　Bingzhu Zhuiguang Dili Xing：Wuhan
Guangdian Guojia Yanjiu Zhongxin 20 Zhounian Fazhanshi

策划编辑：徐晓琦　张　玲	
责任编辑：张　玲	
封面设计：刘　卉	
版式设计：赵慧萍	
责任校对：张会军	
责任监印：周治超	

出版发行：华中科技大学出版社（中国·武汉）　　　电话：(027) 81321913
　　　　　武汉市东湖新技术开发区华工科技园　　　邮编：430223
录　　排：华中科技大学出版社美编室
印　　刷：湖北新华印务有限公司
开　　本：710mm×1000mm　1/16
印　　张：23.5　插页：2
字　　数：381千字
版　　次：2024年10月第1版第1次印刷
定　　价：118.00元

本书若有印装质量问题，请向出版社营销中心调换
全国免费服务热线：400-6679-118　竭诚为您服务
版权所有　侵权必究

前言
PREFACE

二十载栉风沐雨，二十载笃行不怠，武汉光电国家研究中心[①]风华繁茂正当时，不负韶华不负己。回首来时路，武汉光电国家研究中心的发展经历了四个阶段。

1. 积极申报期（2001年12月—2003年11月）

2001年12月，华中科技大学得悉科技部拟在全国组建少数国家实验室的消息后，精心策划、积极组织申报武汉光电国家实验室。

2. 初始创建期（2003年11月—2006年11月）

自2003年11月科技部批准筹建5个国家实验室，到2006年11月武汉光电国家实验室（筹）建设计划通过科技部组织的可行性论证。

3. 快速发展期（2006年11月—2017年11月）

自2006年11月武汉光电国家实验室（筹）进入快速发展期，到2017年11月通过科技部组织的评审，被批准成立武汉光电国家研究中心。

---

① 武汉光电国家研究中心在2017年11月以前名称为武汉光电国家实验室（筹）。

4. 持续提升期（2017年11月至今）

自2017年11月科技部批准成立武汉光电国家研究中心至今，武汉光电国家研究中心的建设与发展持续推进。

本书按照武汉光电国家研究中心发展的历史脉络进行回顾，主要内容如下。

第一篇，追根溯源，秉承初心。本篇主要介绍武汉光电国家研究中心的起源，以及当初积极申报国家实验室的过程。

第二篇，筚路蓝缕，砥砺前行。本篇介绍从2003年11月25日武汉光电国家实验室（筹）批准筹建至2006年11月16日武汉光电国家实验室（筹）建设计划通过科技部组织的可行性论证这一时期，武汉光电国家实验室（筹）在教育部、湖北省政府、武汉市政府，以及华中科技大学的支持下，确立为学校的"科研特区"，举全校之力开展建设，在确立建设方针、拟定建设目标、探索管理体制、凝练学科方向、整合人才队伍、建设与完善研究平台等方面开展工作。

第三篇，快速提升，成果凸显。本篇的时间定位在2006年11月至2017年11月，介绍武汉光电国家实验室（筹）在正式进入筹建阶段后至2017年11月以优良的成绩通过科技部的验收，成立武汉光电国家研究中心的过程。此篇分别从四个方面回顾了这一阶段的建设过程及取得的突出成绩：坚持党建引领，凝心聚力共启征程；创新体制机制，整合资源和衷共济；加强能力建设，扎实推进成果丰硕；武汉光电国家实验室（筹）建设十周年。

第四篇，驰光驱电，稳步奋进。本篇的时间定位在 2017 年 11 月武汉光电国家研究中心批准成立至今，介绍武汉光电国家研究中心的发展历程和取得的丰硕成果。分别从十一个方面进行回顾：牢记初心使命，党旗领航精耕细作；完善体制机制，构建现代科研机构；践行立德树人，创新引领广育英才；争取多方资源，构筑先进研究平台；打造重点学科，交叉融合成绩斐然；紧盯学科前沿，原始创新勇攀高峰；立足技术创新，攻坚克难突破瓶颈；推进成果转化，服务区域创新需求；加强国际合作，提升"四力"享誉中外；普及科学知识，助力提高全民素质；积极参与湖北光谷实验室建设。

目录
CONTENTS

第一篇
追根溯源　秉承初心（2001年12月—2003年11月）　　_001

第二篇
筚路蓝缕　砥砺前行（2003年11月—2006年11月）　　_011

第三篇
快速提升　成果凸显（2006年11月—2017年11月）　　_025
  坚持党建引领　凝心聚力共启征程　　_027
  创新体制机制　整合资源和衷共济　　_041
  加强能力建设　扎实推进成果丰硕　　_045
  武汉光电国家实验室（筹）建设十周年　　_122

第四篇

驰光驱电　稳步奋进（2017 年 11 月至今）　125
　牢记初心使命　党旗领航精耕细作　127
　完善体制机制　构建现代科研机构　146
　践行立德树人　创新引领广育英才　158
　争取多方资源　构筑先进研究平台　190
　打造重点学科　交叉融合成绩斐然　200
　紧盯学科前沿　原始创新勇攀高峰　203
　立足技术创新　攻坚克难突破瓶颈　213
　推进成果转化　服务区域创新需求　227
　加强国际合作　提升"四力"享誉中外　237
　普及科学知识　助力提高全民素质　259
　积极参与湖北光谷实验室建设　265

附录 _275

    发展大事记 _276

    历任领导和主要干部 _300

    高水平人才 _309

    重大教学、科研成果 _321

    发表的 Science 和 Nature 论文 _339

    承担的千万级项目（部分） _342

    研究生获奖 _351

    光电信息学科优秀校友（部分） _361

第一篇

追根溯源 秉承初心
（2001年12月—2003年11月）

抚今思昔，岁月峥嵘。武汉光电国家研究中心（简称"研究中心"）的发展历史可按照信息光电子、能量光电子、生命光电子三个领域追溯。信息光电子下设三个研究部：集成光子学研究部、光子辐射与探测研究部、光电信息存储研究部。能量光电子下设两个研究部：激光科学与技术研究部、能源光子学研究部。生命光电子下设三个研究部：生物医学光子学研究部、多模态分子影像研究部、生命分子网络与谱学研究部。

集成光子学研究部的历史可追溯到1971年，原华中工学院（现华中科技大学）院长朱九思以敏锐的洞察力和果断的决策力，决定在原机械工程一系创办光学仪器专业，孕育了现华中科技大学光学与电子信息学院（简称"光电信息学院"）的"光子"基因。1973年，第一届光学仪器专业开始招收学生；1974年，红外专业也开始招生；1979年，为适应光学与光电子学科发展，学校从电力系、无线电系等单位抽调相关教师，以及从光学仪器教研室、激光教研室、红外教研室抽调有关人员，正式组建光学工程系；1991年，光学工程系更名为光电子工程系，并在国内率先开设光纤通信技术专业；2003年，科技部批准筹建武汉光电国家实验室（筹）（简称"实验室"），后由实验室副主任黄德修教授担任光电子器件与集成研究部（集成光子学研究部的前身）筹备组组长，率领光电子器件与集成研究团队，并引进了部分海外人才，筹建了光电子器件与集成研究部；2005年，根据学科发展需要，学校决定将光电子工程系和激光技术与工程研究院合并，成立光电子科学与工程学院（现光学与电子信息学院）。

光子辐射与探测研究部由中国船舶重工集团公司第七一七研究所（简称"中船重工集团七一七研究所"）和华中科技大学光电子科学与工程学院共同组建。中船重工集团七一七研究所始创于1960年，主要从事以工程光学为基础、以激光技术与红外技术为重点的光电探测技术研究和大型特种光电系统研发，主要涉及光电检测、精密机械、信息处理、自动控制、软件工程、系统集成及其他相关领域，主要承担光电技术的应用基础研究，以及大型特种光电系统的研发设计和生产等任务。2003年，科技部批准筹建武汉光电国家实验室（筹），后由中船重工集团七一七研究所的刘爱东研究员担任空间光子学研究部筹备组组长，筹建了空间光子学研究部（现光子辐射与探测研究部）。

光电信息存储研究部的历史可追溯到20世纪70年代初，原华中工学院院长朱九思根据电子部自主发展我国计算机外部设备的需求，组织老师到全国进行充分调研后，决定创办计算机外部设备专业。1973年，学校抽调了一批机械、无线电、自控等院系的骨干教师，正式成立计算机外部设备教研室，并开始招收本科生，在张江陵、裴先登教授的带领下，教研室承担了国家"六五""七五"在磁盘、激光打印机等方向的国家重大攻关项目，由于当时发展较快，计算机外部设备专业成为全国独具特色的专业；1979年，计算机外部设备专业并入计算机系，并于1982年开始招收硕士研究生；1989年，获批建立外存储系统国家专业实验室；2000年，获批建立信息存储系统教育部重点实验室；2003年，科技部批准筹建武汉光电国家实验室（筹），后由信息存储系统教育部重点实验室主任谢长生教授担任光电信息存储研究部筹备组组长，以计算机科学与技术学院（简称"计算机学院"）从事信息存储研究的团队为基础，引进海外人才，筹建了光电信息存储研究部；2006年，获批建立数据存储系统与技术教育部工程中心；2015年，该研究部信息存储研究团队获批教育部"长江学者和创新团队发展计划"、"信息存储系统与技术"创新团队，并因评估为优秀，于2015年获得滚动支持；2018年，该研究部大数据存储与技术研究团队获批国家自然科学基金委员会创新研究群体。

激光科学与技术研究部的历史可追溯到1971年，原华中工学院院长朱九思高瞻远瞩，决定白手起家，在原机械工程一系创办光学仪器专业和激光专业，组建激光科研组。1974年，激光专业开始招生；1982年，激光研究所成立（其前身为激光教研室和激光科研组）；1986年，获批建立激光技术国家重点实验室；1989年，学校决定将激光研究所从光学工程系划出，单独建制；1994年，激光技术与工程研究院成立；同年，国家计委同意以华中理工大学（现华中科技大学）为依托建立激光加工国家工程研究中心；2003年，科技部批准筹建武汉光电国家实验室（筹），后由激光技术国家重点实验室主任陆培祥教授担任激光科学与技术研究部筹备组组长，率领激光科学与技术研究团队，并引进了部分海外人才，筹建了激光科学与技术研究部；2020年，该研究部强场超快光学研究团队荣获国家自然科学基金委员会创新研究群体。

能源光子学研究部始建于2012年7月3日，华中科技大学党委常委会通过了《武汉光电国家实验室（筹）管理体制机制建设改革建议方案》，武汉光电国家实验室（筹）按照实体化独立运作，并决定成立6个功能实验室，其中就包括了能源光子学功能实验室（能源光子学研究部的前身），该功能实验室人员由武汉光电国家实验室（筹）自2007年以来从海外引进的相关人才组成。

生物医学光子学研究部的历史可追溯到1993年4月，原华中理工大学光学工程系红外教研室骆清铭完成博士论文"激光与生物组织相互作用理论及医学应用研究"，获得华中理工大学物理电子学与光电子学工学博士学位。1997年3月，骆清铭教授牵头筹建国内第一个生物医学光子学研究所；1999年7月，生物医学光子学研究所参与创建生命科学与技术学院；2000年8月，获批建立生物医学光子学教育部重点实验室；2001年7月，获批建立生物医学光子学教育部网上合作研究中心；2003年，科技部批准筹建武汉光电国家实验室（筹），后由生命科学与技术学院院长骆清铭教授担任生物医学光子学研究部筹备组组长，率领生物医学工程研究团队，并引进了部分海外人才，筹建了生物医学光子学研究部；2004年11月，获批建立湖北省生物信息与分子成像重点实验室；2005年5月，该团队荣获湖北省自然科学基金创新群体；2006年8月，华中科技大学批准成立Britton Chance生物医学光子学研究中心；2007年3月，该团队获批教育部"长江学者和创新团队发展计划"创新团队；2012年1月，该团队荣获国家自然科学基金委员会创新研究群体。

多模态分子影像研究部和生命分子网络与谱学研究部的历史可追溯到1958年，新中国第一个科技发展远景规划启动实施，武汉电子学研究所和武汉数学与计算技术研究所（中国科学院武汉物理与数学研究所的前身）应运而生。为开拓和发展祖国的科学事业，在美国哥伦比亚大学从事诺贝尔物理学奖获奖项目研究的著名物理学家王天眷先生突破阻力辗转回国，与张承修、李国平先生等老一辈科学家共同创建了磁共振波谱学、原子分子物理、原子频标、数学物理等学科。1986年，波谱与原子分子物理国家重点实验室由国家计委批准建立；1988年12月，波谱与原子分子物理国家重点实验室通过国家验收并正式对外开放；1996年，武汉物理研究所与武汉数学物理研究所合并组建中国科学院武汉物理与数学研究所（简称"中科院武汉物理与数学研究所"）；2003年，科技部批准筹建武汉光电国家实验室（筹），后由中科院武汉物理与数学研究所所长詹明生研究员担任基础光子学研究部（多模态分子影像研究部和生命分子网络与谱学研究部的前身）筹备组组长，率领磁共振波谱学、原子分子物理学、原子频标等研究团队，并引进了部分海外人才，筹建了基础光子学研究部，并逐步发展为多模态分子影像研究部和生命分子网络与谱学研究部；2009年，生物核磁共振波谱学研究团队荣获国家自然科学基金委员会创新研究群体；2019年，生命波谱与成像研究团队荣获国家自然科学基金委员会创新研究群体。

武汉光电国家研究中心数十载激流勇进，始终与中国光谷同频共振，共生共荣，始终以打造光电科学领域的国家战略科技力量为己任。

1998年12月，华中理工大学黄德修教授向校长周济同志提交了建设"武汉·中国光谷"的建议，得到了周济同志的高度重视。经学校商议，决定以华中理工大学名义向武汉市政府提出《关于在武汉东湖新技术开发区建设"武汉·中国光谷"的建议》，该建议得到湖北省、武汉市和武汉东湖新技术开发区（简称"东湖新技术开发区"）领导的重视。2000年，在黄德修教授的倡导和华中理工大学的推动下，"武汉·中国光谷"这一专有名称正式启用，光谷的建设也紧锣密鼓地开展起来。2001年，科技部策划筹建若干个国家实验室，武汉市市长周济同志积极支持华中科技大学联合武汉光电领域科技力量申报光电国家实验室。2002年9月，华中科技大学从发挥学科优势、积极参与"武汉·中国光谷"建设的角度出发，决定申报筹建光电国家实验室。在学校的统一部署下，黄德修教授、刘德明教授等把握时机、抢占先机，七天后，一份《国家光电子实验室（建议书）》呈递给学校，该建议书得到湖北省、武汉市领导的高度认同和大力支持。

2003年2月21日，湖北省副省长辜胜阻带领湖北省科技厅、东湖新技术开发区管委会有关负责人，专程赴京向科技部副部长程津培汇报了关于湖北省组建光电国家实验室的筹备情况。

黄德修教授等人撰写的《国家光电子实验室（建议书）》及
黄德修教授在《长江日报》发表的《抓住光电子不放松》文章

2003年3月，在第十届全国人大一次会议上，湖北省政协副主席、湖北省科技厅厅长郭生练等13位全国人大代表提出了《关于在武汉建立武汉光电国家实验室（筹）的建议》（1612号）。

2003年5月16日，湖北省政府同意组建武汉光电国家实验室（筹），并将有关事宜批复如下。

（1）武汉光电国家实验室（筹）是一个跨学科、跨专业领域的综合交叉型的基础性研究的平台，是原始性创新的基地。

（2）武汉光电国家实验室（筹）所进行的基础性研究既要实现前瞻性战略性目标，也应服务于我省区域经济发展需要，为武汉光电子产业基地可持续发展提供技术支撑。

（3）武汉光电国家实验室（筹）是一个享有相对独立的人事、财务权的研究实体，筹建初期由华中科技大学、武汉邮电科学研究院、中国科学院武汉物理与数学研究所和中国船舶重工集团公司第七一七研究所联合发起组建，并采用开放式发展模式，积极吸收其他优势资源。

（4）武汉光电国家实验室（筹）的筹备建设期限为四年（2003年1月—2006年12月）。筹备建设期间，实验室要进一步凝练科学发展目标，制定中长期发展规划，完善共建共用利益及运行机制，做好申报国家实验室的试点准备工作。

（5）武汉光电国家实验室（筹）首期投资9000万元，其中，湖北省科技厅500万元，武汉市计委500万元，武汉市科技局500万元，东湖新技术开发区政府1000万元，湖北省、武汉市政府其他部门1500万元，华中科技大学5000万元（含现金2000万元），请有关部门尽快落实经费。

（6）项目筹备建设期，由实验室的筹建组负责组织建设规划设计和研究任务书、计划进度安排管理工作。

（7）武汉光电国家实验室（筹）的基本建设按有关规定报批。

2003年5月27日，科技部正式对1612号建议给予答复，并对在湖北省建设国家实验室提出了指导性意见。

为加快武汉光电国家实验室（筹）建设步伐，2003年5月，武汉光电国家实验室（筹）成立筹建组。该筹建组是武汉国家光电子信息产业基地领导小组办公室领导下的工作专班，具体负责武汉光电国家实验室（筹）建设期间的工作。筹建组下设综合办公室、总体规划组、项目基建组和项目专家组。筹建组成员如下：

组　　长：唐良智（东湖新技术开发区管委会主任）
常务副组长：丁烈云（华中科技大学副校长）
副 组 长：张　平（东湖新技术开发区常务副主任）
成　　员：鲁国庆（武汉邮电科学研究院）
　　　　　詹明生（中国科学院武汉物理与数学研究所）
　　　　　赵　坤（中船重工集团七一七研究所）
　　　　　刘德明（华中科技大学）
　　　　　陈国清（华中科技大学）
　　　　　王红斌（湖北省科技厅）
　　　　　彭于福（湖北省计委）
　　　　　张少华（武汉市计委）

2003年上半年，湖北省省长罗清泉同志多次会同教育部部长周济同志到科技部寻求支持，申请在武汉筹建光电国家实验室。

2003年10月，全国人大常委会副委员长李铁映和湖北省省长罗清泉受邀参加华中科技大学50周年校庆活动，校庆活动结束后，李铁映、罗清泉等领导出席武汉光电国家实验室大楼奠基仪式，并挥铲破土动工。

2003年10月6日，全国人大常委会副委员长李铁映、湖北省省长罗清泉等出席武汉光电国家实验室大楼奠基仪式

2003年11月25日，科技部批准筹建武汉光电国家实验室（筹），并确定华中科技大学为该实验室的依托单位，武汉邮电科学研究院、中国科学院武汉物理与数学研究所和中船重工集团七一七研究所为共建单位，叶朝辉院士担任实验室主任。

第二篇

筚路蓝缕 砥砺前行
（2003年11月—2006年11月）

2003年11月25日，科技部批准筹建武汉光电国家实验室（筹），得到了教育部、湖北省人民政府、武汉市人民政府、东湖新技术开发区人民政府及华中科技大学的高度重视。湖北省人民政府任命华中科技大学校长樊明武担任武汉光电国家实验室（筹）理事会理事长。2004年3月，华中科技大学党委发文（校党〔2004〕8号）聘叶朝辉任武汉光电国家实验室（筹）主任，聘李培根任武汉光电国家实验室（筹）常务副主任，聘黄德修任武汉光电国家实验室（筹）副主任。

为了支持实验室的建设，学校党委在2004年出台《关于武汉光电国家实验室（筹）建设与管理的若干意见》（校党〔2004〕33号），明确指出：举全校之力建设好国家实验室，并明确国家实验室是学校的科研特区；人员统一管理，集中各院系相关学科的优秀人才统一进入国家实验室；设备统一管理，集中各院系相关学科"211工程""985工程"一期的仪器设备统一进入国家实验室；稳定和吸引优秀人才进入国家实验室，在工作条件和生活条件待遇上给予倾斜，在研究生的招生指标上向国家实验室倾斜；为加强实验室建设中的思想政治工作，学校党委决定在实验室成立党总支；学校承担实验室的后勤保障服务；等等。

2005年7月，学校党委决定成立武汉光电国家实验室（筹）党总支（校党〔2005〕37号），任命林林为党总支书记。2005年8月，武汉光电国家实验室（筹）第一次常务理事会会议决定，聘李培根任武汉光电国家实验室（筹）理事长、王延觉兼任武汉光电国家实验室（筹）常务副主任。

2006年，学校党委再次出台《关于进一步加强武汉光电国家实验室（筹）建设的意见》（校党〔2006〕26号）。文件中明确了总体方针，创新科研团队建设，人才、设备和科研用房资源集中，业绩津贴计算方法，研究生招生和培养，职称评审办法，工艺研究人员队伍建设，科研经费管理，以及规范成果署名等。为了统一认识，叶朝辉主任提出，依托华中科技大学建设武汉光电国家实验室（筹），我们要回答如下问题：为什么要依托华中科技大学建设武汉光电国家实验室（筹）？依托华中科技大学建设什么样的国家实验室？怎样建设武汉光电国家实验室（筹）？要求大家思考与讨论。

学校党委两次发文支持武汉光电国家实验室（筹）建设

华中科技大学副校长、武汉光电国家实验室（筹）常务副主任李培根提出了"一二三四五"的基本建设方针，即：一个整体——武汉光电国家实验室（筹）；两个融合——四个组建单位的融合，华中科技大学各相关院系的融合；三种精神——团队精神、实干精神、奉献精神；四个有利于——有利于武汉光电国家实验室（筹）的建设与发展，同时确保其与国家目标的统一，有利于华中科技大学相关学科的建设与发展，有利于各学术团队的建设和高层次人才的培养，有利于各组建单位相关学科的融合发展；五个统一——人员、设备、经费、用房和薪酬统一管理。确定了运行机制的十六字方针：学科共建、人员双聘、设备集中、成果共享。

2004—2005年，武汉光电国家实验室（筹）主任叶朝辉，华中科技大学副校长、实验室第一任常务副主任李培根，华中科技大学副校长、实验室第二任常务副主任王延觉，经常召集四家共建单位领导、实验室理事会成员商讨初创时期的建设方针、组织架构、体制机制、学科方向、研究队伍、设备平台等重大问题。

经过两年的研讨和探索，武汉光电国家实验室（筹）完成了确立建设方针、拟定建设目标、探索管理机制、凝练学科方向、整合人才队伍、建设与完善研究平台等工作。

一、确立建设方针

武汉光电国家实验室（筹）是国家科技创新体系的重要组成部分，也是"武汉·中国光谷"的创新研究基地。实验室的建设和发展突出"基础性、前瞻性、战略性"的特点，坚持"开放、联合、流动、竞争"的方针，体现"依托光谷、省部共建、学科交叉、资源整合"的特色。实验室既要在光电子器件及材料制备、光电存储原理及系统、光通信系统、光电探测系统、光电信息处理、光学加工及检测、大功率激光器及关键器件、激光先进制造技术、激光与物质的相互作用机理、生物医学光子学等领域开展系统深入的战略性和前瞻性研究工作，逐步取得国际先进直至领先地位，也要着眼于解决国家光电子产业发展中的重大关键技术问题，为推动武汉国家光电子产业基地的建设和发展提供新型智能化集成化的光网络器件、光通信网络关键技术、新型光电存储器件及系统、先进的光显示器件、性能先进的光电探测系统及装备、先进适用的大功率激光器及加工系统、光电生物医学仪器及设备等原创性、实用性的科研成果，为推动民族光电子产业进一步发展，提升我国光电子产业国际竞争力提供强有力的科学和技术支撑。

二、拟定建设目标

近期目标（截至2008年）：完成80亩实验室园区和4.5万平方米"光电大楼"基础设施建设。通过整合现有资源和新增投入，建成先进适用的光电子器件与微纳制造研究平台、光通信网络研究平台，形成Ⅲ-氮化合物、Ⅲ-Ⅴ族化合物及硅基半导体光电子器件的材料制备、微纳加工及封装测试能力，160 Gb/s超高速率全光信号处理研究能力，自由空间光通信和宽带通信ROF的研究能力；建成光电信息存储研究平台，形成容量为500

TB 以上的网络存储系统研究能力及超高密度存储材料和器件的研究能力；进一步完善光电辐射与探测研究平台，形成国内一流的光电探测系统和设备的研究开发能力；建成强激光技术研究平台、激光先进制造研究平台、激光与物质相互作用研究平台，形成先进的大功率激光器、激光加工系统及工艺、激光微纳制造的研究开发能力；建成具有国际先进水平的生物医学光电子研究平台，采用特色光学成像技术，形成对生物组织结构与功能、生物分子结构与功能、生物分子水平的机理研究和监测，以及生物医学光电仪器的研究开发能力；建成公共测试平台，在光电子材料与器件测试、光通信系统与网络测试、激光器与激光应用系统测试、半导体照明器件与系统测试、光存储器件与系统测试、光电子产品环境与可靠性测试等方面形成面向行业的服务能力。通过整合现有研究力量和引进高水平学术骨干，组织 150 人左右的高素质核心研究队伍，在光电子材料及器件、硅基光电子集成、微纳加工制造、光通信网络的关键技术、网络存储系统、高清光盘标准及关键器件、新型光电存储材料、高性能光电探测系统及装备、高功率激光器及加工系统、生物光学成像及诊断技术等方面深入开展研究，并取得一批创新成果，形成一批核心技术与专利，开发一批具有自主知识产权的产品。若干研究方向达到国内领先、国际先进水平，通过科技部组织的验收，为实现实验室中长期发展战略奠定坚实基础。

中期目标（2009—2013 年）：建成具有特色的国内领先的光电子材料及器件研发平台、微纳加工及封装测试平台、光电存储材料及器件研发平台、新型高功率激光器研发平台、激光先进制造研究平台、国际先进水平的光电辐射与探测研究平台、网络存储研究平台、生物医学光子学研究平台。形成 200 人左右的高水平核心研究队伍。相关研究领域达到国内领先、国际先进水平。产出一批对光电子产业发展有重大影响和推动作用的科研成果。

远期目标（2014—2020 年）：在光电子科学与技术前沿领域积极参与国际竞争，注重原始性创新，若干研究领域达到国际领先水平。逐步发展成为光电领域国际知名的国家实验室。

三、探索管理机制

在广泛征求组建单位意见并听取专家建议的基础上，初步提出武汉光电国家实验室（筹）的运行机制和管理机制模式：成立理事会行使领导职能，实行理事会领导下的实验室主任负责制；建设前期华中科技大学为主筹建方，整合现有理事单位的资源；实行全员负责制，由实验室负责面向国内外招聘优秀人才担任固定编制研究人员，受聘人员属于实验室组建单位的，其人事关系保留在原单位，聘用期正常离岗者可返回原单位工作，对于外聘人员，其人事关系转入华中科技大学；在建设发展中逐步理顺利益关系，进一步探索管理机制的创新。

2004年2月，《武汉光电国家实验室（筹）理事会章程》通过，该章程明确规定依托单位和联合组建单位是武汉光电国家实验室（筹）的理事单位。同时根据实验室建设需要，有选择地接受国内外其他愿意以资金或设备投入的单位或个人成为实验室的理事单位（成员）。理事单位（成员）通过成立理事会行使领导职能，实行理事会领导下的实验室主任负责制。属于实验室的有形、无形资产权益归理事单位（成员）共同所有，具体权益比例根据对实验室的投入与贡献确定，充分体现"共建、共管、共享"和"合作、互补、发展"的学科共建机制，保障了实验室的良性运转。2004年6月，成立了第一届理事会和常务理事会。理事会由18名成员组成，由华中科技大学委派3名理事，武汉邮电科学研究院委派2名理事，科技部、教育部、中国科学院武汉物理与数学研究所、湖北省科技厅、武汉东湖新技术开发区管委会、武汉市科技局等单位各委派1名理事。理事会成员每届任期4年，可连任。理事会设立常务理事会，华中科技大学为理事会单位，科技部基础司、教育部科技司、湖北省发展和改革委员会、湖北省科技厅、武汉市发展和改革委员会、武汉市科技局、武汉东湖新技术开发区、中国科学院武汉分院、武汉邮电科学研究院、中船重工集团七一七研究所为常务理事单位，实验室主任为常务理事。

第一届理事会成员名单

理事会成员	姓名	职务/职称	单位
理事长	樊明武	院士、校长	华中科技大学
理事	叶玉江	副司长	科技部
理事	雷朝滋	副司长	教育部
理事	郭生练	厅长	湖北省科技厅
理事	叶朝辉	院士	中国科学院武汉分院
理事	李培根	院士	华中科技大学
理事	赵梓森	院士	武汉邮电科学研究院
理事	范滇元	院士	中国科学院上海光学精密机械研究所
理事	牛憨笨	院士	深圳大学
理事	刘颂豪	院士	华南师范大学
理事	陆建勋	院士	中国工程院
理事	黄德修	教授	华中科技大学
理事	詹明生	研究员	中国科学院武汉物理与数学研究所
理事	鲁国庆	高级工程师	武汉邮电科学研究院
理事	刘兆麟	副主任	湖北省发展和改革委员会
理事	杨新年	局长	武汉市科技局
理事	刘家栋	主任	武汉市计委
理事	俞毓林	副主任	武汉东湖新技术开发区管委会

第一届常务理事会常务理事单位

理事会单位	华中科技大学	
常务理事单位	科技部基础司	教育部科技司
常务理事单位	湖北省发展和改革委员会	湖北省科技厅
常务理事单位	武汉市发展和改革委员会	武汉市科技局
常务理事单位	武汉东湖高新技术开发区	中国科学院武汉分院
常务理事单位	武汉邮电科学研究院	中船重工集团七一七研究所

2004年7月2日，为了保证决策的民主性、科学性，实验室成立武汉光电国家实验室（筹）管理委员会，并颁布《武汉光电国家实验室（筹）管理委员会工作条例》。

2005年8月11日，武汉光电国家实验室（筹）常务理事会第一次会议在华中科技大学南三楼二楼会议室举行。大会修订了《武汉光电国家实验室（筹）章程》，通过了李培根兼任武汉光电国家实验室（筹）理事长职务的决定。

2005年8月11日，武汉光电国家实验室（筹）常务理事会第一次会议举行

根据科技部关于国家实验室管理办法的有关精神，实验室设立了"武汉光电国家实验室（筹）学术咨询委员会"并制定相关条例。学术咨询委员会是武汉光电国家实验室（筹）理事会领导下的学术指导和评议机构，直接由武汉光电国家实验室（筹）理事会和实验室主任负责。2006年11月，武汉光电国家实验室（筹）学术咨询委员会成立并召开第一次会议。

实验室还制定了一系列规章制度，包括《武汉光电国家实验室（筹）财务管理办法》《武汉光电国家实验室（筹）主任办公会议议事规则》《武汉光电国家实验室（筹）行政办公室工作职责》等，形成了较完善的制度体系。

2006年11月2—3日,实验室学术咨询委员会成立并召开第一次会议

四、凝练学科方向

根据国家中长期科学与技术发展规划、国家"十一五"科学技术发展规划和湖北省"十一五"科学技术发展规划,实验室先后多次组织管理委员会和各研究部学术骨干进行学科方向的研讨,并邀请同行专家对各研究部拟定的学科方向进行论证。为落实国家中长期发展规划,服务地方经济建设,突出原创性和实用性,有所为、有所不为,支撑光电子产业发展,经过研讨和论证,实验室前期重点工作着眼于解决国家产业发展战略中急需的关键技术问题,长远目标是在一部分学术领域和技术研发前沿方面取得国际先进地位直至领先地位,研究方向按信息光电子、光电辐射与探测、能量光电子和生物医学光电子四个领域规划,各领域的研究方向如下。

1. 信息光电子

方向一:光通信网络、器件及材料制备的理论和技术。
方向二:数字存储原理及系统的理论和技术。
方向三:光显示器件及材料制备的理论和技术。

2. 光电辐射与探测

方向一：光波的介质传输特性研究。
方向二：光电探测技术。
方向三：光电信息处理技术。
方向四：基础光学技术。

3. 能量光电子

方向一：大功率激光器及关键器件的设计理论和技术。
方向二：激光先进制造的理论和技术。
方向三：超快激光与物质的互相作用机理。

4. 生物医学光电子

方向一：神经信息学与光学脑成像技术。
方向二：系统生物学与光学分子成像技术。
方向三：生物医学信息与数字处理技术。
方向四：纳米生物光子学与光学探针技术。
方向五：组织光学与多模式生物医学成像技术。

2005年11月，实验室成立了9个研究部：基础光子学研究部（筹备组组长詹明生），光电子器件与集成研究部（筹备组组长黄德修），激光科学与技术研究部（筹备组组长陆培祥），光电材料与微纳制造研究部（筹备组组长史铁林），微光机电系统研究部（筹备组组长刘胜），光电信息存储研究部（筹备组组长谢长生），生物医学光子学研究部（筹备组组长骆清铭），光通信与智能网络研究部（筹备组组长朱光喜），空间光子学研究部（筹备组组长刘爱东）。

五、整合人才队伍

武汉光电国家实验室（筹）瞄准建设一支光电子领域国家队的目标，按照"培养、引进、引智"相结合的方针，坚持"以人为本、人才立室"的原则。经过各研究部学科方向的凝练和人才队伍的整合，结合从美国、爱尔兰、新加坡、日本、德国，以及中国香港引进相关研究人员，初步建立起一支光电领域优秀团队。至2006年11月，实验室从华中科技大学光电工程系、激光技术研究院、机械科学与工程学院、计算机科学与技术学院、生命科学与技术学院、电子与信息工程系等院系遴选进入实验室固定编制和流动编制研究人员163人（其中：教授46人、副教授48人、讲师35人、助教8人、博士后16人、工程技术人员10人）；从武汉邮电科学研究院进入人员26名（其中：教授级工程师1人、高级工程师4人、工程师12人、博士后1人）；从中船重工集团七一七研究所进入人员50名（其中：研究员10人、高级工程师15人、博士学位人员8人）；另有行政人员5人，博士研究生218人，共计462人。中科院武汉物理与数学研究所暂定为以项目为牵引，开展合作研究工作。

至此，实验室拥有中国科学院院士1名，中国工程院院士1名，教育部长江学者特聘教授4名、讲座教授3名，国家杰出青年科学基金获得者1名，海外杰出人才基金获得者1名，海外青年学者合作研究基金获得者1名，中国科学院百人计划2名，教育部跨世纪优秀人才、新世纪优秀人才5名，人事部百千万人才3名，湖北省新世纪高层次人才工程入选者9名，博士生导师30余名，具有博士学位的研究人员80余名，初步形成了老、中、青结合的学术梯队。

在引进国外知名学者工作中，采取岗位特聘、短期工作或合作研究等多种灵活且行之有效的措施，邀请了美国科学院院士、英国皇家学会外籍院士、瑞典皇家科学院院士 Britton Chance，美国工程院院士 Russell D. Dupuis，英国皇家工程院院士 Ian. H. White，美国工程院院士厉鼎毅等国际知名专家30余人，并根据情况分别制定了他们每年来实验室工作的时间（1年、3个月或1个月），开展合作研究、开设课程、联合培养研究生、共同申报项目、发表论文、申请专利、举办国际会议等多项内容在内的合作及多人次的短期讲学；同时派遣国内学术骨干和博士生去海外交流学习，其目标是使研究的内容直指国际前沿，参与国际竞争，提升实验室的国际影响力，促进运行和管理与国际接轨的进程。

六、建设与完善研究平台

1. 基建和配套设施建设

在湖北省政府、武汉市政府和华中科技大学的大力支持下（湖北省政府、武汉市政府各支持3000万元，华中科技大学支持1.1亿元），武汉光电国家实验室（筹）大楼的基建与环境建设工作顺利完成。坐落在喻家山东麓，毗邻风景秀丽的东湖磨山，总建筑面积4.5万平方米的实验室大楼于2003年10月6日奠基，2005年11月2日举行了大楼启用仪式。超净实验室及水、电、气配套设施于2006年3月建设完成，实验室办公区和各研究部实验区随后投入使用。

建设中的实验室大楼

已竣工的实验室大楼

2. 研究平台建设

武汉光电国家实验室（筹）充分利用组建单位各相关学科现有设备，与华中科技大学"211工程""985工程"一期项目建设结合，将相关学科设备整体搬入实验室。同时，结合人才引进及重大基础研究计划新增必需的先进研究设备，实现资源共享，发挥设备效率。

实验室按照信息光电子研究平台、光电辐射与探测研究平台、能量光电子研究平台、生物医学光电子研究平台及公共测试平台进行规划建设。华中科技大学将"985工程"一期、二期经费划拨1亿多元给武汉光电国家实验室（筹），用于购置科研平台设备。

2006年11月16日，由科技部基础研究司组织13名专家对武汉光电国家实验室（筹）的建设计划可行性进行了论证。科技部、教育部、湖北省政府、武汉市政府的有关领导出席了本次论证会。与会专家听取了实验室理事会理事长、华中科技大学校长李培根院士关于实验室建设思路的工作汇报，实验室常务副主任、华中科技大学副校长王延觉关于实验室建设规划和方案的汇报，考察了实验室现场和环境。与会专家一致认为：武汉光电国家实验室（筹）的建设计划合理、可行，建议有关部门尽快批准启动。为进一步加快实验室的建设，专家组建议：实验室应不断深入研究国家对光电子领域的战略需求与国内外发展趋势，探索和实施能促进研究人员发挥和提高创新能力的管理机制，提高原始创新和集成创新的能力，逐步形成实验室在光电子研究领域的引领作用。

2006年11月16日，由科技部基础研究司组织的武汉光电国家实验室（筹）建设计划可行性论证会

　　武汉光电国家实验室（筹）顺利通过科技部组织的国家实验室建设计划可行性论证，标志着武汉光电国家实验室（筹）正式进入筹建阶段。

第三篇 快速提升 成果凸显
（2006年11月—2017年11月）

武汉光电国家实验室（筹）建设计划通过科技部可行性论证后，实验室进入快速发展期。

这一时期，因工作需要，学校对实验室领导班子进行了调整，2007年3月，骆清铭任实验室常务副主任（校党〔2007〕7号），谢长生任副主任（校党〔2007〕7号）；2007年7月，姚建铨任副主任（校党〔2007〕32号）；2007年9月，杨海斌任办公室主任（校党〔2007〕48号）；2009年8月，王中林任海外主任（聘书）；2013年10月，曾绍群任副主任（校任〔2013〕22号）；2014年3月，丁烈云任理事长（2014年理事会通过）；2014年12月，夏松任总支书记（校党〔2014〕13号）；2016年2月，张新亮任副主任（校任〔2016〕5号）；2016年6月，周军任副主任（校任〔2016〕5号）。

王中林院士受聘为武汉光电国家实验室（筹）海外主任

坚持党建引领　凝心聚力共启征程

武汉光电国家实验室（筹）党组织坚持和加强党的领导，坚持围绕实验室发展抓党建，抓好党建促发展，主动谋划、凝心聚力。

一、党建工作

（一）政治建设

武汉光电国家实验室（筹）党组织坚持以马克思列宁主义、毛泽东思想、邓小平理论、"三个代表"重要思想、科学发展观、习近平新时代中国特色社会主义思想作为自己的行动指南，始终发挥政治核心与政治引领作用，贯彻落实立德树人根本任务，深化综合改革，加快内涵建设，踔厉奋发，笃行不怠，为实验室发展提供了坚实的组织和制度保障。

（二）思想建设

实验室党组织高度重视党员的思想政治教育，按照党中央的部署和校党委的安排，开展了一系列学习教育，进一步坚定了广大党员干部的理想信念。

1. 理论学习常抓不懈

按照校党委的安排，实验室组织开展了党员先进性教育学习活动（2005—2006年），深入学习实践科学发展观活动（2008—2010年），党的群众路线教育实践活动（2013—2014年），"三严三实"专题教育（2015年），"两学一做"学习教育（2016年）等。

2009年，湖北省高工委检查武汉光电国家实验室（筹）党建工作

2. 深入开展党的组织活动

实验室党组织通过开展一系列党的组织活动，如坚持领导班子带头学习、规范组织生活、实施党课制度、举办特色党日活动、进行教育培训、树立典型模范、组织支部书记沙龙、加强党风廉政教育以及定期召开民主生活会等，有效地提升了党员和干部的综合素质及党性修养。

邀请时任学校党委组织部部长姜丽华
为党支部书记作培训报告

举办光电信息学院分党校入党
积极分子培训班

（三）组织建设

实验室各级党组织充分认识到发挥党组织政治核心作用的重要性，切实增强实验室党组织履行主体责任的政治自觉，承担好党建工作领导

者、组织者和执行者的角色。根据校党委《关于成立武汉光电国家实验室（筹）党总支及其干部任职的通知》（校党〔2005〕37号），2005年7月21日，武汉光电国家实验室（筹）党总支成立，林林任党总支书记。2005年8月24日，行政党支部和分析测试中心党支部两个党支部成立。

2006年，根据《关于进一步加强武汉光电国家实验室（筹）建设意见》（校党〔2006〕26号）的精神，相关学科的学科（学术）带头人及主要科研骨干的人事、党团关系转入武汉光电国家实验室（筹），2006年已转入武汉光电国家实验室（筹）党总支的党员人数达到39人，至此，实验室共有激光科学与技术研究部党支部、光电子器件与集成研究部党支部、光电材料与微纳制造研究部党支部、生物医学光子学研究部党支部、光电信息存储研究部党支部、光通信与智能网络研究部党支部和行政党支部7个党支部。

2007年7月6日，校党委决定将武汉光电国家实验室（筹）与光电子科学与工程学院进行资源整合，经校党委常委会研究决定：聘林林同志任光电子科学与工程学院党总支书记；聘骆清铭同志任光电子科学与工程学院院长（校党〔2007〕32号）。经过整合，武汉光电国家实验室（筹）党总支下设行政党支部、激光科学与技术研究部党支部、光电子器件与集成研究部党支部、光电材料与微纳制造研究部党支部、生物医学光子学研究部党支部、光电信息存储研究部党支部、光通信与智能网络研究部党支部、光电医学工程系党支部与微纳光电子学系党支部9个党支部。下属党员65人。党总支提出：建设凝聚力强、战斗力强、作风清廉的党基层组织；遴选出政治素质强、业务能力优的教授担任各党支部书记；党员干部应在教学科研工作中发挥显著的战斗力。

2007年，武汉国家光电实验室（筹）党总支荣膺"湖北省高校先进基层党总支"称号。

2007年10月10日，校党委下发《关于武汉光电国家实验室（筹）党总支委员会组成人员的批复》（校党组〔2007〕10号），同意武汉光电国家实验室（筹）党总支委员会由元秀华、杨海斌、林林、骆清铭、谢长生（以姓氏笔画为序）5位同志组成。2009年8月22日，任命詹健为武汉光电国家实验室（筹）党总支副书记（校党任〔2009〕4号）；2013年7月6日，任命杨海斌为武汉光电国家实验室（筹）党总支副书记（校党任〔2013〕13号）；2013年10月25日，任命刘洋为武汉光电国家实验室（筹）党总支副书记（校党任〔2013〕15号）；2013年10月，任命付玲为国际化示范学院副院长（校任〔2013〕23号），任命杨海斌为国际化示范学院副院长（校任〔2013〕23号）；2014年9月，任命付玲为工程科学学院副院长（校任〔2014〕11号），任命杨海斌为工程科学学院副院长（校任〔2014〕11号）；2016年12月，任命徐书华为工程科学学院副院长（校任〔2016〕28号）；2017年10月，任命付玲为工程科学学院执行院长（校党任〔2017〕11号），任命骆卫华为工程科学学院副院长（校党任〔2017〕11号）。

为深化武汉光电国家实验室（筹）体制机制改革，党总支集中力量统一规划、重点培育，组织开展重大科学问题与重大项目的研究，承担国家重大科学任务，从而进一步提升武汉光电国家实验室（筹）的科研实力与科技影响力。2011年11月，武汉光电国家实验室（筹）进行了实体化建设，从华中科技大学相关院系转入107名教师，与武汉光电国家实验室（筹）进行单位共建，组成了6个功能实验室。党总支明确：2012年是基层党组织建设年，按照五个实体分别建立相应的党支部；认真推荐、遴选年轻党员教授、学术带头人担任党支部书记。

党总支进一步理顺党员组织关系，摸清基础信息，分析党员现状（职称结构、年龄结构等）；理清各功能实验室人事信息，积极做好教师中的党员发展工作。2014年，实验室研究生人数增多，研究生党员人数也大幅增加。为了将党支部建设与科研工作紧密结合，将党建工作和导师负责制紧密结合，将党员发展和教育工作落到实处，武汉光电国家实验室（筹）党总支决定将支部建在团队，将党支部调整为23个，设立了党员导师为支部书记，学生党员为副书记的纵向党支部。此时武汉光电国家实验室（筹）党总支拥有教职工党员97人，学生党员344人。

2015年，根据工作需要，党总支在原有23个党支部的基础上，设立工程科学学院党支部。至此，武汉光电国家实验室（筹）党总支拥有教职工党员105名，学生党员542名。2015年12月23日，学校批准武汉光电国家实验室（筹）设立党委，任命夏松为党委书记（校党〔2015〕58号）。2016年4月25日，为更好地推动"两学一做"学习教育，规范武汉光电国家实验室（筹）党组织架构，在充分调研和征求党代会代表意见的基础上，实验室党委做出调整支部设置的决定，原有23个教工、学生纵向党支部经过调整及换届选举后，变更为7个教工党支部和18个学生党支部。

（四）作风建设

武汉光电国家实验室（筹）坚持群众路线，营造创新氛围，驱动科学发展。根据《中国共产党章程》及有关政策法规，结合实验室实际情况，凡是党委（党总支）工作例会研究的内容，只要不涉及党内和政务秘密，都进行公开，杜绝了弄虚作假现象，遏制了官僚主义、形式主义和办事拖拉行为。

武汉光电国家实验室（筹）长期建立实验室领导信箱，随时接受师生意见和建议，建立与健全实验室信息公开、发布、反馈平台，畅通上情下达、下情上达的渠道，让师生随时了解学校和实验室的动态，增强师生的认同感和归属感。党总支书记经常带头到教职工中去，及时了解和解决教职工关心的热点、难点问题。

此外，武汉光电国家实验室（筹）党总支严格落实中央八项规定精神，进一步纠正"四风"，抓好党员、干部的工作作风，严格执行相关财务规定，严格控制接待标准和人数，严格执行差旅标准，控制公款出国。

（五）纪律建设

1. 层层落实党风廉政建设责任制

实验室党组织始终把党风廉政建设作为重点工作，放在突出位置抓好、抓实。完善了以武汉光电国家实验室（筹）党委书记为责任人的党风廉政建设和反腐败工作领导班子，及时调整、充实党风廉政建设领导机构，定期组织召开专题会议，分析研究党风廉政建设各项工作。明确了武汉光电国家实验室（筹）领导班子和党员干部在廉政建设中的责任，制定了《武汉光电国家实验室（筹）党风廉政建设责任书》，落实"一岗双责"，形成谁主管、谁负责，一级抓一级，层层抓落实的工作局面。加强制度建设，加强岗位权利教育、师德师风教育、教风学风教育。清理"小金库"，并明确设备采购、工程管理、招生、教风学风建设以及财务管理的责任人。

2. 抓好学习教育环节

为了加强防范，实验室经常组织相关法律规定的宣讲会，如"科研经费的规范管理""'小金库'的界定与违规的形式""个人所得税的计算与缴纳"等，并编辑了《科研经费财务管理的相关规定》《人事、技术支持、财务、审计相关知识问答》等学习资料。

按照校纪委的安排，实验室党组织每年开展"党风廉政建设宣传教育月"活动，组织师生学习《中国共产党章程》《关于新形势下党内政治生活的若干准则》和《中国共产党党内监督条例》等知识，组织观看警示教育片，加强政治纪律、组织纪律、廉洁纪律、群众纪律、工作纪律、生活纪律教育。

实验室组织观看警示片

3. 监督提醒

按照校党委、校纪委的相关要求，实验室党组织对选人用人、财务管理、科研经费、招生考试、平台管理、工程管理、招投标等方面进行了规范，要求各级负责人对苗头性、倾向性问题做好约谈工作。凡是收到师生对某件事情有疑问和意见，主任、书记都进行调查，与分管领导谈话，及时纠正错误，并做好充分的解释工作。

（六）制度建设

实验室始终把制度建设作为工作的重中之重。自2005年以来，实验室根据《中华人民共和国高等教育法》《中国共产党普通高等学校基层组织工作条例》等法规，建立并不断完善一系列管理制度。实验室坚持民主集中制，党政联席会议是实验室最高的决策机构，凡"三重一大"问题和需要集体决策事项，均由党政联席会议决定。各分管领导对于常规工作负全责，重要事项均先与主任、书记商量，提出基本意见，提交党政联席会议形成决议，然后执行。

2005年，武汉光电国家实验室（筹）党政联席会议通过了包含理事会、学术咨询委员会、管理委员会、党务工作、人事工作、基金管理、科研管理、固定资产管理、日常管理工作及保密工作等34个管理制度构成的《武汉光电国家实验室（筹）管理体系》。

2009年，武汉光电国家实验室（筹）与光电子科学与工程学院召开"创新完善体制机制"专题工作会议，进行为期两天的封闭式研讨，对各项规章制度逐条梳理，进行废、改、立研究，涉及党务、行政、财务、学科建设、人才培养、科研、教学、安全与保密等方面规章制度65个，其中，修改完善规章制度近50个，新增3个，废止5个，构成了一个比较完整的管理体系和运行机制。

2014年，武汉光电国家实验室（筹）已经形成规章制度66个，涉及实验室章程、理事会管理、学术委员会、党风廉政建设、组织工作、人事工作、科研管理、财务管理、固定资产管理、保密工作、日常管理、研究生管理、国际交流与合作等方方面面。

二、宣传与文化建设

（一）文化引领，开拓创新

在2008年开展的深入学习实践科学发展观活动中，实验室党政班子认真研讨了活动主题，最终将主题确定为"敢为人先谋光电发展，追求卓越创国际一流"。"敢为人先"是原华中工学院创建激光科研组时留下的优良传统，"追求卓越"是实验室的精神追求。

武汉光电国家实验室（筹）精神石

在"科学发展观"学习、教育活动中，党总支组织部分学术带头人研讨实验室的文化，经过大家的热烈讨论和总结，凝练了"面向国家战略需求，培养高度自觉的使命意识和潜心治学的专注态度"的实验室文化。

2013年，武汉恒威重机有限公司向实验室赠送了一块巨大的石头，经实验室领导班子研究，决定将"追求卓越"四字刻在大石头上，以此明志。时任华中科技大学校长李培根听闻此消息后，给予了极大的支持，挥毫书写下"追求卓越"四个大字，武汉恒威重机有限公司将这几个大字刻在石头上，实验室将此石立于光电大楼的南广场作为精神石，激励师生在科技创新中不断勇攀高峰。

(二) 加强意识形态管理工作

1. 建立和健全实验室意识形态工作机制

明确意识形态工作的责任主体和制定详尽的责任清单。实验室成立意识形态工作领导小组并落实各项责任清单，对意识形态领域的领导班子"一岗双责"工作范围、工作机制和违规处理措施进行明确规定，将意识形态工作与实验室各项工作紧密结合，定期组织学习，认真部署，强调落实和督查。

2. 加强宣传、网络、教学、学术交流等意识形态阵地管理

作为学校重要的科研、学术交流基地及外界关注的重要窗口，实验室党组织一直高度重视宣传、网络、教学及学术交流等工作。在宣传、接待等方面，严格遵守学校党委《关于宣传、接待等职能部门的工作制度》；在网络信息安全方面，及时落实网信办的各项通知工作，做好网站漏洞的及时修复；在教学方面，特别是针对国际化示范学院外籍教师课堂教学，安排教务员随堂听课，保证教学质量和秩序；在学术交流和人员往来方面，加强对学术交流和人员往来的审批流程，并在活动前进行引导和提醒，以确保所有参与者都了解并遵守相关的规定和要求。

明确实验室纸质资料、图文、宣传稿件、教学教材的审查机制，党总支书记作为主要负责人对此严格把关。梳理实验室网站、微博、微信公众号、QQ群、微信群等宣传平台并登记造册，制定宣传平台审批管理制度，明确工作要求，落实责任人，对网络舆情进行监控和引导；梳理实验室组织的相关论坛并登记造册，进行归口管理和审批，本着"谁组织谁负责、谁主管谁负责、谁审批谁负责"的原则，对各类论坛、报告会、研讨会、讲座的讲授内容、邀请人员、参加范围严格审查把关；梳理挂靠实验室的学术社团、学生社团并登记造册，明确管理权限和责任人，对社团开展活动情况随时掌握，严令禁止未经允许接受外界资助行为。

三、学生思想政治工作

（一）实施以科研目标和科研团队为核心的纵向党支部建设

2012年，实验室首次招收研究生，326名来自全国各地的研究生学子们集聚实验室，其中有58％的同学是党员。为了更好地发挥党员的先锋模范作用，实验室党总支以科研目标和科研团队为核心设立了纵向党支部。

（二）打造创新型国际化人才培养的良好平台

实验室积极探索研究生教育创新的新模式，组织研究生积极参与国内外高水平学术活动，出台了《研究生发表学位论文奖励办法》《武汉光电国家实验室（筹）研究生国际学术交流管理办法》等激励措施，组织研究生参加美国光学学会（OPTICA，原名OSA）、国际光学工程学会（SPIE）和电气与电子工程师协会（IEEE）活动，发展学生会员。充分发挥实验室研究生与企业联合培养作用，设立海信、松滨等企业奖学金，激励研究生开展学术前沿科学研究。

（三）注重困难学生帮扶工作

实验室加强辅导员等思政人员队伍建设，注重学生心理健康，把心理健康教育课程纳入研究生教育的重要环节，建立专门的数据信息库，做到信息透明、资料全面。实验室党总支副书记专门对重要关注对象进行心理辅导，研究生辅导员定期跟踪观察。同时，实验室要求辅导员经常深入班级、寝室与学生谈心，关心学生的日常生活，及时排解学生的心理障碍，建立研究生新生的谈心工作档案，做好谈心记录，定期查阅档案，从中寻找"蛛丝马迹"。在此基础上，每个班级设一名心理委员，心理委员通过参与学校的培训和指导，负责班级学生心理健康状况的观察和排解，如发现有重大心理健康问题的学生，及时报告辅导员、副书记，共同对学生进行心理疏导。

开展困难学生帮扶工作

（四）开展生动、活泼的活动

为响应学校号召，实验室开展了生动、活泼的活动，如"四个一"活动、特色党日活动等。骆清铭、林林、潘跃成给学生上党课、到学生寝室调研；各班级导师为学生举办讲座；学生工作组、辅导员积极解决学生的实际困难。

开展"四个一"活动

开展特色党日活动

四、工会工作

（一）组织机构建设与调整

2010年11月25日，根据校工会《关于武汉光电国家实验室（筹）、光电子科学与工程学院工会委员会换届选举结果的批复》（校工会〔2010〕28号），武汉光电国家实验室（筹）与光电子科学与工程学院共同成立第二届工会委员会，王英同志为工会主席，李丽华同志为工会副主席，何建平、张新亮、王可嘉、杨春华、张玲为工会委员。

2011年4月6日，根据校工会《关于武汉光电国家实验室（筹）工会并入光电子科学与工程学院工会的通知》（校工会〔2011〕13号），校工会经与武汉光电国家实验室（筹）党总支和光电子科学与工程学院党总支商议，决定将武汉光电国家实验室（筹）工会并入光电子科学与工程学院工会。

2012年6月27日，校工会下发《关于武汉光电国家实验室（筹）工会委员会换届选举结果的批复》（校工会〔2012〕19号），武汉光电国家实验室（筹）第三届工会委员会由下列成员组成：吴非同志为工会主席，杨海斌同志为工会副主席，戴江南、申燕、施华为工会委员。

2016年6月24日，校工会下发《关于武汉光电国家实验室（筹）工会委员会换届选举结果的批复》（校工会〔2016〕21号），武汉光电国家实验室（筹）第四届工会委员会由下列成员组成：吴非同志为工会主席，徐书华同志为工会副主席，骆卫华、肖晓春、申燕、张驰、陆锦玲为工会委员。

（二）工会工作理念与工作成效

1. 积极参与民主管理，弘扬正能量

实验室工会委员会认真学习党的各项方针政策，准确理解和把握新时期工会工作的新要求，增强实干精神，加强工会组织建设、制度建设，完成校工会布置的各项工作。工会通过教代会平台，切实维护教职工参政议政的民主权利。实验室工会主席作为党政联席会议的一员，参与实验室的人事、财务、科研、安全等各项制度的建设和审议，工会各项工作的推进也在党政联席会议上进行审定，做到了"党政工"高度一致。实验室重要改革方案，如教职工绩效分配方案、研究生招生指标分配方案、职称评聘细则等，均按程序提交二级教代会审议，做到重要事项决策民主、公开、透明。基层工会还认真组织本单位的校教代会代表积极参加学校教代会活动，并积极组织教代会代表提交教代会提案。

实验室工会积极组织申报师德先进事迹和各类先进典型，创造良好舆论氛围。所推荐的多位教职工个人或集体获全国五一劳动奖章、全国三八红旗手、湖北五一劳动奖章、校"师德先进个人"、校"巾帼建功示范岗"、校"十佳青年教工"、校"十佳女教职工"、校"五好家庭"、校"最美家庭"等荣誉。

2. 关注民生问题，为群众办实事

实验室工会深入基层了解情况，配合实验室党组织，做好教职工思想工作，化解一些矛盾，积极促进学校和实验室的改革、发展与稳定。基层工会切实关心教职工的生活，开展送温暖活动，每年定期组织慰问困难和生病教职工，并配合组织教师节、重阳节慰问，为教学科研一线教职工、

退休教职工送去温馨的问候和祝福。工会坚持为教职工多做好事和实事，组织落实实验室困难补助和医疗补助，组织教职工全面、细致体检等。

3. 竭力创新文体活动组织形式，丰富教职工业余生活

实验室基层工会积极创新工会文体活动，多次组织开展文艺表演、红歌会、趣味运动会，以及乒乓球、篮球、足球友谊赛等活动，丰富了教职工业余生活。

开展各类文体活动

创新体制机制　整合资源和衷共济

武汉光电国家实验室（筹）的建设和发展必须以创新体制机制为前提。创新体制机制重在顶层设计，如何理顺四家不同管理部门下属单位的融合，以及学校内部多个院系、若干个团队的融合，是创新体制机制的关键。因此，实验室进行了深入的探索。

2007 年，学校决定将武汉光电国家实验室（筹）和光电子科学与工程学院进行资源整合，为了调动广大教职工的积极性，武汉光电国家实验室（筹）决定实行学术团队制度（PI 制），按照 37 个学术团队运行。2012 年 7 月 3 日，校党委常委会通过了《武汉光电国家实验室（筹）管理体制机制建设改革建议方案》，实验室按照独立实体化运作。实验室决定成立 6 个功能实验室，即激光与太赫兹技术功能实验室、光电子器件与集成功能实验室、能源光子学功能实验室、生物医学光子学功能实验室、信息存储与光显示功能实验室、光电辐射与探测功能实验室。后又成立了 1 个国际化示范学院和 3 个工业技术研究院。

在科研组织模式方面，完善了理事会领导下的主任负责制、各研究部统筹协调发展的现代科研院所管理制；在学术管理方面，除了早期成立的学术咨询委员会以外，2010 年 11 月成立了学术委员会；在资源配置方面，完善了"以质量和创新为导向、成果和贡献为依据"与"统筹、择优、扶持、激励"相结合的目标考核与分配机制；在业务控制方面，依据实验室章程，规范了实验室理事会汇报、实验室年度考核、科研项目管理、人事人才管理等日常管理制度，规范了实验室建设与改造项目管理、设备材料采购和经费管理、设备开放运行和成本核算等技术支持制度；在经费管理方面，依托学校财务执行高等学校会计制度，执行年度任务预决算制度、

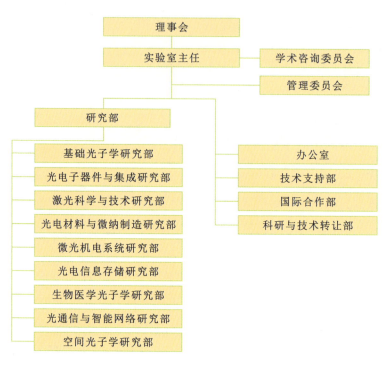

2003—2007年武汉光电国家实验室（筹）组织架构

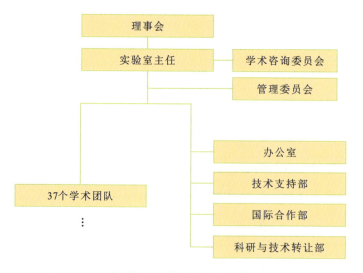

2007—2012年武汉光电国家实验室（筹）组织架构

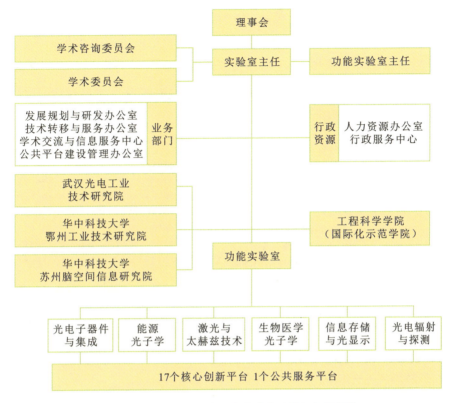

2012—2017年武汉光电国家实验室（筹）组织架构

经费运行管理和内部控制制度、产出绩效考核制度、"三重一大"经费决策机制等一系列财务管理制度；在开放共享方面，利用多个学术交流品牌和公共测试平台，强化对外交流合作机制、平台开放运行机制和服务科普教育机制；在协同创新方面，依托工业技术研究院支撑区域经济发展，打造全链条、一体化的成果创新和转化机制，依托共建单位、整合校内资源进一步统筹"共建、共管、共享"和"合作、互补、发展"的学科共建机制；在实验室精神文化建设方面，围绕能力建设，倡导追求卓越的实验室精神，巩固"面向国家重大战略需求，培养高度自觉的使命意识和潜心治学的专注态度"的实验室文化。

经过11年的积极研讨和尝试，成功探索出跨部门（华中科技大学隶属教育部、武汉邮电科学研究院隶属国资委、中科院武汉物理与数学研究所隶属中国科学院、七一七研究所隶属中船重工集团）、跨法人的非法人科研单元建设模式，同时实现了校内多个院系科研团队的整合。

  2015年5月27日，教育部组织专家对筹建中的武汉光电国家实验室（筹）进行预验收，验收专家组认为："武汉光电国家实验室（筹）圆满完成了建设计划书的内容，实现了建设目标，未来发展规划可行。"专家组一致同意通过教育部组织的预验收。

武汉光电国家实验室(筹)总结验收意见

2015年5月27日教育部科技司在北京组织召开了武汉光电国家实验室(筹)（以下简称"国家实验室"）总结验收与发展规划审查论证会。专家组听取了国家实验室主任的汇报，进行了质询，审查了有关资料，经讨论，形成验收意见如下：

（1）实验室面向光电科学与技术领域的国际科技前沿和国家重大需求，形成了信息光电子、能量光电子、能源光电子、生物医学光电子及光子辐射与探测等研究方向，实验室建设目标明确、定位准确。

（2）实验室筹建期间共获得各类科技奖励144项，其中国家自然科学二等奖2项，国家科技进步二等奖5项，国家技术发明二等奖4项，国家国际科学技术合作奖1项；承担973计划、重大专项、863计划、支撑计划、重大科学仪器计划、国家自然科学基金、国防研究项目等各类科研项目2000余项，主持千万级项目36项，在Science发表论文3篇，Nature系列刊物发表论文6篇；授权发明专利547项。

（3）实验室组建了由344名固定人员和796名流动人员组成的研究队伍，其中包含兼职/双聘两院院士5名，长江、杰青21名，"海外高层次青年人才"教授11名，获国家自然科学基金委创新群体1个。实验室每年培养硕、博士研究生300余名。研究队伍结构合理，人才培养和队伍建设成效显著。

（4）主管部门和共建单位对实验室建设给予了大力支持，建设期累计投入6.24亿元，实验室建筑面积4.9万平米，建立了6个功能实验室、17个科学研究平台以及1个光电公共测试平台，科研仪器设备原值4.54亿元，为实验室长期发展，满足国家重大战略需求提供了有力的硬件支撑。

（5）实验室在光电、能源、存储、激光、生命等领域对外开展测试和技术服务，年均测试服务达4000多次，对国内光电子产业形成了有力技术支撑。实验室与全球40个重要科研机构、高校及企业展开广泛的合作与交流。

（6）筹建期间，实验室在管理体制与机制方面进行了积极探索，与武汉市共建了武汉光电工业技术研究院，为实验室的成果转化提供平台。

（7）国家实验室未来发展规划以下一代多维度光互联、下一代能源转换器件、高分辨脑成像技术、光子辐射与探测为主要研究方向，瞄准国际前沿和国家重大需求开展研究。依托单位将持续加大投入，建设12万平米的新的光电国家实验室大楼。

验收专家组认为武汉光电国家实验室（筹）圆满完成了建设计划任务书的内容，实现了建设目标，未来发展规划可行，专家组一致同意通过教育部组织的验收。

建议：

（1）国家进一步加大对国家实验室的支持力度，充分发挥其在承担国家重大科研任务中的作用。

（2）国家实验室围绕目标定位和研究方向，进一步突出研究特色。

验收专家组组长（签字）：

2015年5月27日

武汉光电国家实验室（筹）总结验收意见

加强能力建设　扎实推进成果丰硕

在科技部、教育部、湖北省政府、武汉市政府、东湖新技术开发区管委会和华中科技大学的直接领导和大力支持下，武汉光电国家实验室（筹）全体师生笃行致远、惟实励新，在体制机制探索、光电学科建设、人才聚集培养、科技创新创业、国际交流合作等方面创造了若干"第一"，获得了多项突破，跻身于全球光电研究机构前列。

● 谋篇布局　精准发力 ●

2005年12月26—27日，"武汉光电国家实验室（筹）发展规划暨'十一五'规划研讨会"在孝感市电力培训中心举行。会上，实验室主任叶朝辉提出：什么是我们的出路？是不是可以说，提升研究能力，加强能力建设也是一条出路？是不是可以说，能力建设是武汉光电国家实验室（筹）的核心竞争能力？经过研讨，实验室领导班子将核心竞争力确定为：承担国家重大核心研发任务的能力、凝聚世界一流人才队伍的能力、自主研制国际领先科研装备的能力、探索跨部门跨法人的非法人科研组织运行机制的能力。

为落实叶朝辉主任关于能力建设的要求，实验室党政班子开展了研讨：如何按照科技部的要求，建设规模较大、学科交叉、人才汇聚、管理创新的国际一流实验室？如何建设国家创新体系下的科研大平台，光电子学科及其交叉学科的学科创新基地，光电子领域高层次、复合型、创新性人才培养基地，光电子领域国际学术交流中心？实验室常务副主任骆清铭提出了一系列重大举措。

（1）重视学科建设：学科建设是核心，加强与院系共建学科。

（2）加强队伍建设：引进培养各类人才，鼓励建立学术团队。

（3）凝练科学目标：集中力量重点规划，瞄准重大科学问题，承担重大科学项目，重点投入出大成果。

（4）建设研发平台：投入4亿多元建设14个学科研究平台。

（5）改革考评机制：国际标准、优胜劣汰、目标引领、薪酬配套。在考评机制上，实验室制定了考核目标，即每个功能实验室必须完成两个"一二三"："一二三"规划体系（一个定位、二个重大突破、三个重点培育），"一二三"目标工程（获得一个国家级创新群体、主持二项国家重大项目、获得三项重大成果）。

（6）建立转化体系：建设国家光电技术创新服务平台与体系，服务企业自主创新。

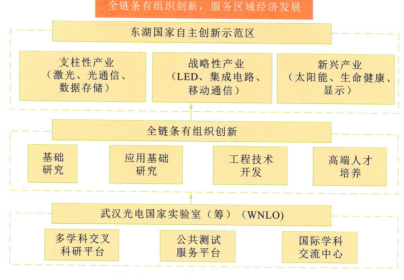

全链条有组织创新，服务区域经济发展

能力建设：学科建设 重大突破

实验室大力加强重点学科建设和多学科交叉融合，开辟国家急需的学科方向，以学科建设为龙头，加强能力建设。

1. 积极申报"光学工程"一级学科国家重点学科

2007年7月底，学校研究生院学位办传来消息，可以将现有的某个学科调整为"光学工程"学科，并申报"光学工程"国家重点学科，8月1日为申报截止日。实验室领导班子紧急商量决定，抓紧时间申报"光学工程"国家重点学科。三日后，经学校批准，华中科技大学将《"物理电子学"国家重点学科调整为"光学工程"国家重点学科的申请》《"光学工程"国家重点学科建设总结报告》《"光学工程"国家重点学科建设情况汇总表》，以及《"光学工程"一级学科国家重点学科建设与发展规划（2007—2010）》提交至教育部。不久，"光学工程"一级学科国家重点学科得以批准建设。

2. 开辟国家急需学科方向

周济同志担任教育部部长后，仍时时关心学校的发展。2008年12月4日，周济同志在《参考消息》上看见"IBM预测未来五年五大创新技术"中有关太阳能方面的创新技术，立即批转给李培根校长："请培根并华中科技大学及光电国家实验室的各位领导同志深入研究这个问题。"12月8日，李培根校长批转给实验室："转叶朝辉、清铭、林林等同志阅，大家可以讨论讨论。"接到周济同志的批示后，实验室领导班子进行了认真研讨，决定在国内外引进和聘用一批从事太阳能电池研究的高层次人才。随后，路钢书记、李培根校长、骆清铭副校长先后带队奔赴美国、瑞士、澳大利亚等国家吸引相关领域的高层次人才，实验室采用双聘的方式引进了国内外相关领域的几位院士和专家（闻立时院士、Michael Grätzel院士、程一兵院士、余金中研究员），并从澳大利亚、美国、加拿大，以及中国香港等地引进了一批年轻的研究人才（韩宏伟、唐江、周印华、陈炜、王鸣魁、李雄、肖泽文等），组建了一支太阳能研究队伍。

2008年12月，周济部长和李培根校长根据《参考消息》中"IBM预测未来五年五大创新技术"一文有关太阳能方面的创新技术的报道，相继批示并建议实验室开辟太阳能研究的新方向

这支队伍自2008年以来，逐渐产出一批优秀的研究成果，几位优秀人才分别在Science、Nature等国际顶级刊物上发表太阳能电池研究的新机理、新结构及提高效率的新方法等论文。

目前，可印刷介观钙钛矿太阳能电池的发明人韩宏伟教授承担了国家能源局"揭榜挂帅"（2021—2025年）4000多万元的科技项目，并已成立公司进行产品研制。

2008年，大屏幕显示器件市场继续扩大，竞争继续升温，随着在材料研究、工艺技术、生产设备、成本控制、半导体技术和市场应用等方面的不断进步，此后1至3年将是有机发光二极管（OLED）技术走向成熟并迎来市场高速增长的阶段。赵梓森院士捕捉到这一信息，向湖北省政府、武汉市政府提出建议，希望政府支持依托实验室迅速建立一支OLED研发团队，抢占我国OLED发展先机。赵院士的这一建议得到湖北省政府、武汉市政府的高度重视，决定先由东湖新技术开发区管委会支持200万元、武汉市发改委支持50万元启动经费。实验室领导班子研究决定，成立OLED显示技术研发领导小组，快速启动此项工作。

实验室《关于成立OLED显示技术研发领导小组的通知》

后续，东湖新技术开发区管委会连续三年共支持实验室3000万元，用于太阳能电池、OLED、新型信息存储等项目的研发和人才引进工作。

实验室还利用国家领军人才等计划，引进了胡斌教授，开辟了"有机光子学"方向；引进了王中林教授，开辟了"纳米能源技术和功能纳米器件"方向。这些新方向的确立，又吸引了一批批从事光电材料、光电能源的青年才俊加入。华中科技大学给予这些学术带头人大力支持，专门拨付了大量经费为这些新的学科增长点构建先进的研究平台。

这批队伍发展至今日，有的成长为教育部长江学者，有的成长为国家杰出青年科学基金项目获得者，有的成长为科技部"万人计划"领军人才，有的成为可印刷介观钙钛矿太阳能电池的发明人。他们已经在

Science、Nature 正刊及子刊等高水平期刊上发表了一系列高水平论文。这些青年人才的聚集，形成了实验室的一个新的学术方向——能源光子学。

3. 注重多学科交叉融合

作为优势学科高地，实验室充分发挥多学科交叉融合优势，支持和扶植交叉学科优秀团队。经过 10 多年的努力，实验室产出了一系列重大原创成果。

骆清铭教授团队致力于将信息光电子学与生物医学结合，开展生物医学光子学新技术新方法研究。早在 2001 年，骆清铭教授率领团队开始探索显微光学切片断层成像（MOST）系列技术，经过 20 余年的潜心耕耘，MOST 系列技术已成为全脑定位系统的重要技术。团队开创了脑空间信息学科，创建了亚微米体素分辨率的小鼠全脑高分辨三维图谱，并首次展示了小鼠全脑中单个轴突的远程追踪。团队在光学分子成像、激光散斑成像及其与光学内源信号成像结合、荧光扩散光学层析成像与微型 CT 结合的双模态小动物成像、近红外光学功能成像，以及组织光透明成像等方面也作出了创新性贡献。2010 年，骆教授团队研究成果发表在 Science 上，实现了以华中科技大学为第一单位和唯一单位在该期刊发表论文零的突破，系列成果荣获国家自然科学奖二等奖（2010 年）和国家技术发明奖二等奖（2014 年），入选中国科学十大进展（2011 年），列入全国科技工作成绩单（2017 年），入选中华人民共和国成立 70 周年大型成就展（2019 年），并亮相"十二五""十三五"国家科技成就展，入选中国光学十大进展（2021 年）。2019 年骆清铭教授当选为中国科学院院士。

2001 年，谢庆国教授带领研究团队在条件极为简陋的实验室，踏上了数字 PET 研究的漫漫征程。数字 PET 是一种生化灵敏度极高的核医学分子影像技术，需要光学、医学、计算机、材料、机械等多学科集智攻关。2010 年，团队研发出世界上第一台动物全数字 PET。2015 年，团队成功开发出世界首台临床全身全数字 PET 系统。2017 年，团队成果应邀参加国家"十二五"科技创新成就展。2019 年，全球首款临床全数字 PET/CT

骆清铭教授团队荣获国家自然科学奖二等奖（2010年）和
国家技术发明奖二等奖（2014年）

获国家医疗器械注册证，正式获准进入市场，这意味着团队攻克了尖端医疗仪器PET数字化的世界级难题，打破了医疗器械国外全垄断的局面。团队研发出的拥有完全自主知识产权的人体临床全数字PET，可精准检测到最小尺寸的癌症病灶，大幅提前了癌症发现时间。2023年，团队获国际第一张脑专用PET医疗器械注册证，进军脑科学研究领域。

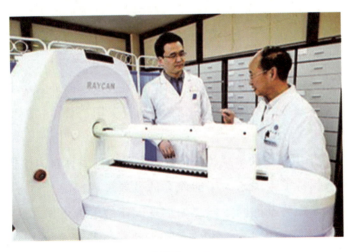

全数字PET

4. 一级学科重大突破

多年来，实验室与华中科技大学相关院系共建光学工程、生物医学工程、电子科学与技术、计算机科学与技术四个一级学科，为化学、工程学、计算机科学、材料科学进入 ESI 排名前 1‰ 学科作出了突出贡献。2007 年，光学工程一级学科博士点被评为国家重点学科博士点。2012 年，在第三轮学科评估中，光学工程排名全国并列第一，生物医学工程排名全国并列第三。

● 能力建设：培养引进 人才汇聚 ●

实验室始终坚持党管人才，深入贯彻"人才强国"战略，将人才作为支撑发展的第一资源，积极营造引才、聚才、育才的良好氛围，一方面将平台科研资源转化为育人资源，为培养拔尖创新创业人才和卓越工程师贡献应有力量；另一方面充分利用平台优势引才和聚才，助力青年研究人员在服务"四个面向"中成长。

早在 2005 年，实验室主任办公会议决定，积极主动去国内外延揽光电领域人才。2005 年 4 月，由华中科技大学副校长、实验室常务副主任李培根带队，赴美国多州延揽人才；2006 年 4 月，由华中科技大学副校长、实验室常务副主任王延觉带队，赴新加坡延揽人才。此外，华中科技大学副校长、实验室常务副主任骆清铭多次带队赴美国、日本、俄罗斯、瑞士等国延揽人才。

2009 年，华中科技大学副校长、实验室常务副主任骆清铭代表实验室向教育部部长周济汇报关于太阳能研究的最新进展情况。周济部长批示：请武汉光电国家实验室的同志们更加重视人才的引进工作，要抓住机遇，力争引进 10～15 个高端人才。请学校和东湖新技术开发区共同给予支持，亦请教育部人才办抓一个试点，全力支持。

按照周济部长的批示,学校高度重视人才引进工作。实验室抓住国家各项人才计划的机遇,先后聘请姚建铨院士担任武汉光电国家实验室(筹)副主任;聘请王中林院士担任武汉光电国家实验室(筹)海外主任。聘请闻立时院士、Michael Grätzel院士、赵梓森院士、徐志展院士、姜德生院士、王立军院士、余少华院士,以及光通信专家Alan Willner教授、太赫兹专家张希成教授、余金中研究员、激光应用专家陆永枫教授等为兼职教授;聘请澳大利亚工程院院士程一兵教授、新加坡南洋理工大学沈平教授、加拿大麦克马斯特大学李洵教授、美国田纳西大学胡斌教授,企业创新创业人才闫大鹏、曹祥东、徐进林、李成、卢昆忠、陈义红等一批国家级领军人才,以及周军、沈国震、唐江、舒学文、周印华、国伟华、王平、韩宏伟、王健、王磊等一批国家级青年才俊加盟实验室。

经过10多年的建设，到2017年11月，武汉光电国家实验室（筹）的人才队伍建设获得了显著的成绩，为科技创新奠定了雄厚的基础。

武汉光电国家实验室（筹）人才队伍建设（截至2017年）

固定编制人员	兼职/双聘院士	国家高层次人才	国家高层次青年人才	973计划首席科学家	中国青年科技奖获得者	教育部长江学者	国家杰出青年科学基金项目获得者
410人	8人	54人	49人	11人	2人	25人	20人
优秀青年科学基金项目获得者	中科院百人计划入选者	跨世纪优秀人才/新世纪优秀人才	国家自然科学基金委员会创新研究群体负责人	教育部创新团队负责人	湖北省创新团队负责人	海内外兼职教授	国际学术组织Fellow
11人	21人	31人	2人	3人	3人	28人	10人

（此表数据来源于武汉光电国家实验室（筹）2017年鉴）

能力建设：科技创新 成果显著

一、承担国家重大核心任务能力显著提升

在建设初期和筹建期，实验室主持和承担了国家重大项目课题多项。

实验室主持和承担各类项目课题情况

时间	课题数量	到账金额
建设初期 （2003年11月—2006年11月）	主持和承担各类项目课题290项	累计到账1.3亿元
筹建期 （2006年11月—2017年6月）	主持和承担各类项目课题3127项，其中：主持千万级项目66项、主持973计划项目11项、主持仪器专项8项	累计到账24.59亿元

二、自主研制领先科研装备能力显著提升

自 2011 年以来,实验室承担国家重大科学仪器设备开发专项 9 项。

实验室承担国家重大科学仪器设备开发情况

项目名称	负责人	总经费/万元	年度
宽光谱广义椭偏仪设备开发	刘世元	1827	2011
基于共振激发与空间约束的高精度激光探针成分分析仪开发	曾晓雁	2856	2011
显微光学切片断层成像仪器研发与应用示范	骆清铭	4568	2012
高频复合超声扫描探针显微镜研发与应用	丁明跃	2033	2013
宽带高速光电信号分析仪设备开发	刘德明	2633	2013
超高分辨率 PET 的开发和应用	谢庆国	5920	2013
用于人体肺部重大疾病研究的磁共振成像仪器系统研制	周欣	4400	2013
现场级多波段红外成像光谱仪开发和应用	赵坤	2670	2014
基于形态与组学空间信息的细胞分型全脑测绘系统	骆清铭	7232.47	2019

三、重大科研成果得到社会认可

1. 科技论文及专利

截至 2017 年 6 月,武汉光电国家实验室(筹)累计取得的科研成果统计如下表。

实验室科研成果

时间	科研成果	数量
2006年1月—2017年6月	SCI 论文	5204 篇
	Science 论文	4 篇
	Nature 论文	18 篇
	IF≥10 的论文	125 篇
2004年1月—2017年6月	授权发明专利	999 项
	授权实用新型专利	242 项
	制定国家和行业标准	6 项
	登记软件著作权	85 项

2008—2016年，实验室在SCIE论文总数、被引总频次、ESI高被引论文数，以及在光电领域核心期刊 *Optics Express* 和 *Optics Letters* 上发表论文总数，在国际知名光学研究机构中排名第一，至今一直保持领先地位。

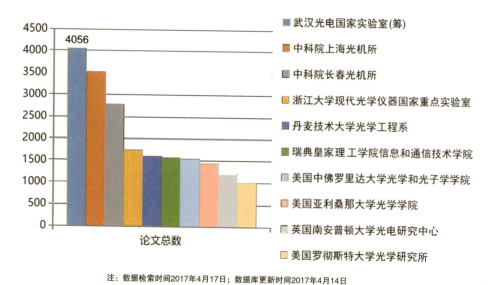

注：数据检索时间2017年4月17日；数据库更新时间2017年4月14日

2008—2016年武汉光电国家实验室（筹）发表SCIE论文总数
在全球10所知名光学机构中排名第一

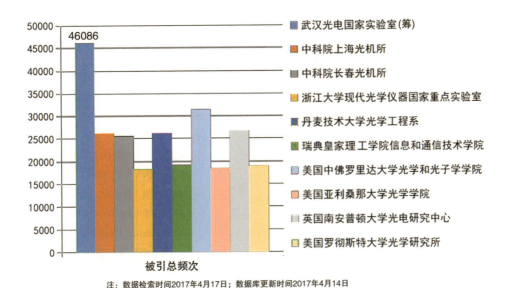

注：数据检索时间2017年4月17日；数据库更新时间2017年4月14日

2008—2016年武汉光电国家实验室（筹）发表论文被引总频次
在全球10所知名光学机构中排名第一

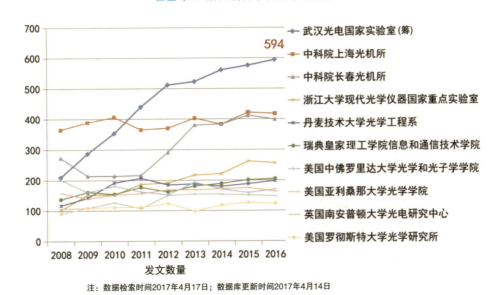

注：数据检索时间2017年4月17日；数据库更新时间2017年4月14日

2008—2016年武汉光电国家实验室（筹）发文数量逐年增加，
且从2011年开始在全球10所知名光学机构中排名保持第一

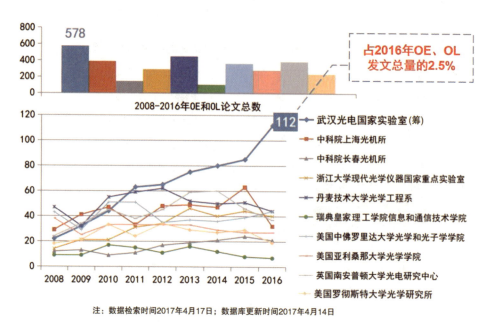

2008—2016年武汉光电国家实验室（筹）在光电领域核心期刊 *Optics Express* 和 *Optics Letters* 上发表论文总数在全球 10 所知名光学机构中排名第一

骆清铭教授团队的研究成果以"Micro-optical sectioning tomography to obtain a high-resolution atlas of the mouse brain"为题发表于 *Science*

2010 年，以华中科技大学为第一单位和唯一单位发表 *Science* 论文实现零的突破。2010 年 12 月 3 日，*Science* 第 330 卷第 6009 期以 "Micro-optical sectioning tomography to obtain a high-resolution atlas of the mouse brain" 为题正式刊发实验室骆清铭教授团队的研究成果。该成果经过八年的潜心研发，建立了可对数厘米大小样本进行亚微米体系分辨率精细结构三维成像的方法和技术，发明并研制了一台显微光学切片层析成像系统设备，获得了一套来自同一只小鼠的全脑组织切片图谱。这种介观水平的小鼠全脑神经解剖图谱，为数字化鼠脑结构和脑功能仿真研究提供了重要的基础性实验数据参考。该成果受到国际同行的高度关注，国际研究人员认为骆清铭教授团队创造出的至今为止最精细的小鼠全脑神经元三维连接图谱数据和全新的自动化脑图谱获取仪器将会为未来的研究提供重要基础，并可以为更具体、更有针对性的研究提供一个有价值的比较工具。

在高效光场调控方面，利用新的模式和新的维度是实现突破衍射极限、实现高效传输和存储的有效途径。2009年底，王健教授在南加州大学做博士后期间，从电磁波根本特性参数出发，挖掘出与电磁波空间螺旋相位分布相关联的轨道角动量（OAM）这一电磁波潜在新维度资源，将轨道角动量成功引入光通信中，并在轨道角动量复用技术实现扭曲光通信方面做了一些开创性工作，相关研究成果于2012年以"A different angle on light communications"为题发表于 Science，随后在轨道角动量光通信技术方面开展了一系列深入研究，引发国际学术界广泛关注。

王健教授研究成果以"A different angle on light communications"为题发表于 Science

在高效光电转换材料与器件方面，韩宏伟教授自2008年从澳大利亚蒙纳士大学进入武汉光电国家实验室（筹）工作以来，其研究团队一直试图实现一种基于全印刷工艺及廉价碳对电极的可印刷介观太阳能电池。借鉴钙钛矿太阳能电池的发展经验，研究团队通过引入两性分子开发出混合阳离子型钙钛矿材料（5-AVA）$_x$（MA）$_{(1-x)}$PbI$_3$（碘铅甲胺-5-氨基戊酸），并将其应用于无空穴传输材料可印刷介观太阳能电池中。这一关键技术实现了介观太阳能电池低成本和连续生产工艺的完美结合。结果显示这种新材料的应用不仅获得了12.84%的光电转换效率，而且器件显示出良好的重复性及稳定性。该光电转换效率获得美国 Newport 公司独立光伏实验室权威公证，为当时国际上无空穴传输材料型钙钛矿太阳能电池的最高效率。相关研究成果于 2014 年以 "A hole-conductor free, fully printable mesoscopic perovskite solar cell with high stability" 为题发表于 *Science*。

2014 年，陈炜教授从日本回国后，从事新型太阳能电池材料和器件应用方面的研究工作。2015 年，陈炜教授作为访问学者在日本国立物质与材料研究所（NIMS）韩礼元教授实验室从事该领域的研究，并在钙钛矿太阳能电池方面取得了突出研究成果。该研究成果于 2015 年达到国际上首个大面积（1 cm^2）钙钛矿太阳能电池认证最高效率，被写进澳大利亚新南威尔士大学 Martin Green 编纂的权威效率记录表。相关研究成果于 2015 年以 "Efficient and stable large-area perovskite solar cells with inorganic charge extraction layers" 为题发表于 *Science*。

韩宏伟教授团队的研究成果以 "A hole-conductor free, fully printable mesoscopic perovskite solar cell with high stability" 为题发表于 *Science*

陈炜教授的研究成果以 "Efficient and stable large-area perovskite solar cells with inorganic charge extraction layers" 为题发表于 *Science*

2. 科技奖励

实验室获得的科技奖励如下表。

实验室获得的科技奖励

奖项	奖励等级	数量
国家自然科学奖	二等奖	3 项
国家技术发明奖	二等奖	7 项
国家科技进步奖	特等奖	1 项
	一等奖	1 项
	二等奖	6 项
中华人民共和国国际科学技术合作奖		1 项
省部级奖	一等奖	33 项
其他各类科技奖励	175 项	

下面对部分科技奖励进行介绍。

1) "微器件光学及其相关现象的研究"获得2009年度国家自然科学奖二等奖

吴颖教授、杨晓雪教授带领团队历经10年完成有关微器件光学及其相关现象的研究。团队系统建立了单原子有效拉曼理论；提出了光子和玻色子型原子系统的全量子化处理新方法；确立了微腔QED、囚禁离子物理和自旋1/2粒子动力学的完全联系和统一描述；提出了微腔光辐射/吸收的新方法和新理论；揭示和预言了其新特征和新机制，并得到实验证实；提出了研究超慢光脉冲的简捷新方法；揭示了超慢光的各种新奇特性。相关研究成果获得2009年度国家自然科学奖二

"微器件光学及其相关现象的研究"
获得2009年度国家自然科学奖二等奖

等奖。本项目打破了华中科技大学连续 6 年未获得国家自然科学奖的局面，是湖北省 2009 年唯一获得国家自然科学奖的项目。

2)"生物功能的飞秒激光光学成像机理研究"获得 2010 年度国家自然科学奖二等奖

"生物功能的飞秒激光光学成像机理研究"
获得 2010 年度国家自然科学奖二等奖

针对神经科学研究高时空分辨的需求，骆清铭教授团队系统深入地从理论、方法、仪器到应用开展了飞秒激光显微成像研究，取得了系列创新成果。① 成像理论：阐明了飞秒激光经角色散后的时空演化规律，已被国际权威机构证实和应用；纠正了过去的错误认识，为提高成像时空分辨率与测量深度奠定理论基础。② 成像方法：突破常规的声光扫描时空间色散分别补偿的思路，用单个棱镜成功实现了同时补偿，解决了国际公认的飞秒激光二维无惯性扫描难题，该技术已被国际同行采用。③ 成像仪器：创建飞秒激光显微成像仪器，随机扫描速度提高 100 倍，成像深度提高 2.5 倍；样机已用于耶鲁大学等单位。④ 应用：利用上述成果成功获取了哺乳动物大脑中功能单元亚细胞分辨的结构和功能图像。该项目成果被评为 2007 年 "中国光学重要成果"，获得 2008 年度教育部技术发明奖一等奖、2010 年度国家自然科学奖二等奖。

3)"储能用高性能复合电极材料的构筑及协同机理"获得 2016 年度国家自然科学奖二等奖

储能用电极材料对于国家新能源、新材料、新能源汽车等重大战略需求具有重要意义。随着电动汽车、电网储能及各种便携式电子设备的发展，人们对能量高效存储技术的需求变得越来越迫切。锂离子电池与超级电容器分别具有高能量密度和高功率密度的特点，是互补性很强的两种主流储能器件。如何进一步提高其能量密度、功率密度、循环稳定性、安全性等，是世界性的难题，其关键在于电极材料，共性的科学问题是如何改进材料的离子扩散性、电子导电性及结构稳定性。由武汉光电国家实验室（筹）周军教授（排名第二）等参与的团队从材料化学及纳米科学的角度，通过对复合电极材料微观结构、物理性质及电化学性能的研究，发现了复合电极材料的多个结构因素对离子扩散、电子传导及结构稳定的协同影响机制，该研究成果获得 2016 年度国家自然科学奖二等奖。

"储能用高性能复合电极材料的构筑及协同机理"获得 2016 年度国家自然科学奖二等奖

4)"基于 SOA 的无源光网络接入扩容与距离延伸技术"获得 2010 年度国家技术发明奖二等奖

"基于 SOA 的无源光网络接入扩容与距离延伸技术"获得 2010 年度国家技术发明奖二等奖

在光通信与光网络研究领域深耕多年的刘德明教授一直从事光通信器件与系统、光接入与无线接入、光传感与物联网等的研究。刘德明教授团队率先提出了基于 SOA 的无源光网络全光波长变换及再生复用的关键技术，攻克了无源光网络的无色复用、突发光信号变换及透明再生三大技术难点，研究出距离延伸器及应用系统专利技术产品，自 2004 年起，该产品已经应用于中兴通讯、光迅科技等企业，相关研究成果获得 2010 年度国家技术发明奖二等奖。

5)"全高程、全天时大气探测激光雷达"获得 2011 年度国家技术发明奖二等奖

"全高程、全天时大气探测激光雷达"
获得 2011 年度国家技术发明奖二等奖

由中国科学院武汉物理与数学研究所程学武研究员等完成的全高程、全天时大气探测激光雷达科研项目涉及从近地面到 110 km 高空大气多参数同时探测的激光雷达。该激光雷达由激光发射部分、光学接收部分、信号检测部分组成。通过双波长发射、三通道同时接收、窄带滤光及收发联调等有机融合,形成全高程、全天时大气探测激光雷达。其优点是:在夜间,能实现对 1~110 km 高度范围的大气多参数同时探测;在白天,能实现对 1~60 km 和 80~110 km 两段高度范围的大气多参数同时探测。本实用新型发明具有技术方案科学、系统集成度高、自动化程度好、工作可靠和使用方便等优点,为中高层大气研究和中高层大气环境监测提供一种高性能探测手段。该项目荣获 2011 年度国家技术发明奖二等奖。

6)"高速半导体激光器制备、测试与耦合封装技术"获得 2013 年度国家技术发明奖二等奖

武汉邮电科学研究院参与完成的高速半导体激光器制备、测试与耦合封装技术项目不仅发明了一种高速半导体激光器封装用陶瓷插针、配置电路、光电模块电串扰抑制结构和固化技术,还发明了借助保护层的取样光栅制作技术、异质掩埋波导结构的制作技术,并定义了激光器动态 P-I 特性曲面,获取了动态特性参数。该项目成果包括发明相关专利 12 项,制定并发布行业标准 10 项,三年销售额达 3.56 亿元。系列产品成功应用于高技术领域多个重要项目,相关单位已成为高速半导体激光器定点研制生产单位。该技术荣获 2013 年度国家技术发明奖二等奖。

7)"单细胞分辨的全脑显微光学切片断层成像技术与仪器"获得 2014 年度国家技术发明奖二等奖

骆清铭教授团队在国际上率先建立基于光折射率差异的组织切片成像理论。其团队发明了一种反射式切片成像技术、大体积脑组织的样本处理方法、全自动精密组织切削技术;建立了单细胞分辨的全脑显微光学成像技术体系,首创显微光学切片断层成像仪器(MOST);绘制出世界上第一套单细胞分辨的小鼠全脑三维结构图谱。其团队发明的自动化高精度脑图谱获取仪器已在脑科学的研究中发挥重要作用,部分核心专利经知识产权交易所公开挂牌实现了技术转让,探索了一条基础研究重大成果的产业化道路。该成果荣获 2014 年度国家技术发明奖二等奖。

"高速半导体激光器制备、测试与耦合封装技术"获得 2013 年度国家技术发明奖二等奖

"单细胞分辨的全脑显微光学切片断层成像技术与仪器"获得 2014 年度国家技术发明奖二等奖

8)"主动对象海量存储系统及关键技术"获得 2014 年度国家技术发明奖二等奖

"主动对象海量存储系统及关键技术"是依托华中科技大学等单位,由冯丹教授等人完成的科研项目。在主动对象海量存储系统关键技术方面,华中科技大学聚合了带宽为 100 Gb/s 的分布式主动对象存储系统,

具有 128 存储节点、40 Gb/s InfiniBand 光纤互联，研发了 OSD 软件、MDS（负载均衡、多元数据服务器）软件、客户端软件（支持标准 POSIX 接口）；构建了新的、兼容国际标准的主动对象关联控制命令集，定义了新的功能对象，实现了数据的自组织、自管理；提出了动态自适应的故障预测模型构建方法和基于迁移学习的故障预测方法，通过交叉验证、网格搜索及多种机器学习算法等自动并行地搜索调优参数空间，这种基于机器学习的磁盘可靠性预测相比传统故障预测机制误报率减少 13.1％，准确率提升 12.4％，最高可达 97.9％，在重大活动前以较优的准确率和较少的误报率提前数天对即将出现故障的磁盘进行预测，提高了系统可用性，为大数据中心提供 7×24 小时服务。该项目成果获得 2014 年度国家技术发明奖二等奖。

9)"多界面光-热耦合白光 LED 封装优化技术"获得 2016 年度国家技术发明奖二等奖

"多界面光-热耦合白光 LED 封装优化技术"获得 2016 年度国家技术发明奖二等奖

该项技术由华中科技大学刘胜教授、罗小兵教授、陈明祥教授，深圳市瑞丰光电子股份有限公司裴小明，广东昭信企业集团有限公司王恺共同研发。

多界面光-热耦合白光 LED 封装优化技术的出现突破了 LED 封装涉及的一系列基础技术、材料和工艺方面的技术瓶颈。该项目成果具有完全自主知识产权，形成了从基础研究、技术开发到工程应用的完整 LED 封装技术体系，并在深圳瑞丰光电、广东昭信集团、武汉帝光电子等 LED 企业推广应用。该项目 LED 隧道灯广泛应用于国家重点工程建设，参与了国内最长海底隧道——青岛胶州湾海底隧道（全长 7800 m）的照明工程建设；LED背光模组应用于康佳、TCL、冠捷等电视机和显示器生产企业，产品批量出口到印度、欧盟等国家和地区。

不仅如此，该项目成果还支持了2家上市公司，并且帮助广东昭信集团成功转型升级（从一家传统制造企业转型为国内半导体照明产业链最齐全的公司）。该项目通过技术转化与产业化，为社会新增就业人口超过1000人，为半导体照明行业100余家企业培训高级专业人才300余名，带动了LED封装技术的发展，对节能减排和企业转型升级发挥了重要作用，对节能环保意义重大，具有显著的社会效益。

10）"实用化介质膜滤光片型DWDM器件研究"获得2005年度国家科学技术进步奖二等奖

2000年，武汉邮电科学研究院许远忠等研究员组成的团队承担了国家863计划项目"介质膜滤光片型DWDM器件研究"，完全依靠自己的技术力量，经过一年的努力，研制成功4×200 GHz、8×200 GHz、32×100 GHz、40×100 GHz、160×50 GHz的DWDM器件。除满足国内需求外，团队在此基础上研制出200 GHz、100 GHz单信道和双信道OADM器件，在国内率先批量投放市场，其中70%出口北美、欧洲及日本，国内市场占有率达70%，国际市场占有率达20%，累计销售额2亿元，创汇1500余万美元。项目申请授权专利2项，申请授予发明和实用新型专利4项。以此项目为基础，起草了一项国家标准和两项行业标准。实用化介质膜滤光片型DWDM器件项目荣获2004年度中国通信学会科技进步奖一等奖。经过层层选拔、推荐评审，该项目成果最终荣获2005年度国家科学技术进步奖二等奖。

"实用化介质膜滤光片型DWDM器件研究"获得2005年度国家科学技术进步奖二等奖

11)"高耐性酵母关键技术研究与产业化"获得2014年度国家科技进步奖二等奖

"高耐性酵母关键技术研究与产业化"获得2014年度国家科技进步奖二等奖

由曾晓雁、李祥友、王泽敏等教授参与完成的科技成果"高耐性酵母关键技术研究与产业化"获2014年度国家科技进步奖二等奖。"高耐性酵母关键技术研究与产业化"成果由安琪酵母股份有限公司、天津科技大学、湖北工业大学、华中科技大学共同完成。该成果经过十多年系统研究与产业化实践，攻克了菌种选育、发酵工艺、干燥装备等方面的一系列瓶颈问题，实现了具有自主知识产权的高耐性系列酵母的规模化生产，推动了行业技术进步和产业升级。高耐性酵母中耐高糖、耐高温、耐乙醇等系列产品的应用，提高了我国酵母工业的国际竞争力，带动了我国食品发酵、生物质能源、动物营养等多领域的技术进步。

12)"汽车制造中的高质高效激光焊接、切割关键工艺及成套装备"获得2015年度国家科学技术进步奖一等奖

由华中科技大学联合华工科技、神龙汽车、通用汽车等多家单位共同自主研发的"汽车制造中的高质高效激光焊接、切割关键工艺及成套装备"项目，打破了国外在此领域40多年的垄断历史，实现了汽车制造领域中激光焊接、切割关键工艺及成套装备国产化。该项目历时12年，先后得到了地方政府、国家重点基金、973计划等重大项目支持，自主研制出白车身焊装、不等厚板拼焊、安全气囊罩非穿透切割、高强钢异型管切焊等57类126个品种激光焊接、切割高端装备与生产线，获发明专利26项，实用新型专利39项，软件著作权2项，形成地方和企业标准3项，曾

获湖北省科学技术进步奖特等奖、中国机械工业科学技术进步奖一等奖。其多套装备及关键部件已成功应用于东风神龙、上汽通用、江淮、江铃福特等313家企业，可实现多车型混线生产，在大幅提高工作效率的同时降低工艺成本，提高车身刚度。截至目前，已取得数百亿元的间接经济效益，赢得国家权威机构、同行专家、应用企业、所属行业、社会大众等诸多好评。

13)"高性能超强抗弯光纤关键技术、制造工艺及成套装备"获得2015年度国家科学技术进步奖二等奖

"高性能超强抗弯光纤关键技术、制造工艺及成套装备"项目团队突破了美日欧技术封锁与专利壁垒，连续攻克了设计、工艺、装备三大核心光纤技术难题，掌握了超强抗弯光纤从关键技术到制造工艺再到成套装备的一揽子解决方案。该团队成功研制了最小弯曲半径可达2 mm的超强抗弯光纤，拉丝速度最高可达2900 m/min的全球领先的高速拉丝塔，为我国光纤光缆行业的全面发展奠定了知识产权、技术和装备三大基础，从而为我国光纤产业"由大到强"、与国际光纤巨头抗衡打下了良好基础，有力支撑了宽带中国战略的实施。

14)"强电磁环境下复杂电信号的光电式测量装备及产业化"获得2017年度国家科学技术进步奖二等奖

兆安级脉冲电流、数百千安直流电流和百万伏特高压等一系列复杂电信号的测量是世界难题，且伴随着高强度、大梯度的强电磁干扰，传统的测量手段无法适用。光机电多学科交叉的光电式测量技术代表该领域的发展方向。ABB、Alstom等国内外企业的相关产品稳定性和可靠性不高，投运的光电式测量装备故障率高达11.8%。其技术难点在于：传感信号极其微弱，电、磁、热、力耦合复杂，传感系数稳定性差；核心组件生产工艺复杂、一致性差、成品率低、价格昂贵，装备单价高达数十万元至数百万元；小空间强电磁干扰严重，防护困难，实证研究的理论和方法难度大。由中国电力科学研究院和华中科技大学鲁平教授等共同完成的"强电磁环境下复杂电信号的光电式测量装备及产业化"项目解决了国际首台全超导

核聚变装置 1200 kA 脉冲电流、国际最大 750 kA 电解铝直流电流、国际首台混合型柔直断路器微秒级短路电流、国际首台三相共箱 GIS 电流/电压等测量难题，该成果荣获 2017 年度国家科学技术进步奖二等奖。

3. 一项成果入选 2011 年度中国科学十大进展

骆清铭教授出席 2011 年中国科学十大进展发布会并颁发入选证书

2012 年 1 月 17 日，2011 年度中国科学十大进展评选结果揭晓，武汉光电国家实验室（筹）骆清铭教授团队研究成果"显微光学切片层析成像获取小鼠全脑高分辨率图谱"位列其中。2011 年度中国科学十大进展评选活动由科技部基础研究管理中心组织实施。此次评选从 233 项推荐成果中遴选出 31 项，由中国科学院院士、中国工程院院士、973 计划顾问组和咨询组专家、973 计划项目首席科学家、国家重点实验室主任等专家进行无记名投票产生。

4. 三项成果应邀参加国家"十二五"科技创新成就展

由科技部、国家发展改革委、财政部、军委装备发展部等 18 个部门和单位联合主办的国家"十二五"科技创新成就展于 2016 年 6 月 1 日—6 月 7 日在北京展览馆举办。本次科技创新成就展以"创新驱动发展，科技引领未来"为主题，对"十二五"期间中国科技创新所取得的重要成就进行了全方位展示。骆清铭教授团队的显微光学切片断层成像仪（BioMapping 1000）、闫大鹏教授团队的万瓦光纤激光器和谢庆国教授团队的全数字 PET 研究成果应邀参加此次展览并受到广泛关注。

1）骆清铭教授团队：显微光学切片断层成像仪（BioMapping 1000）

拥有自主知识产权的显微光学切片断层成像系统（MOST）技术相对于传统成像技术优势明显，创造出迄今为止最精细的小鼠全脑神经元三维连接图谱，为实现全脑网络可视化创造了必要条件。基于 MOST 技术的

BioMapping 1000 设备是一种拥有自主知识产权的全新生物组织三维显微镜，是世界上唯一一种可对数厘米大小样品进行亚微米体素分辨率精细结构三维成像的仪器，基于该设备的脑连接图谱研究是认知脑功能进而探讨意识本质的科学前沿方向，这方面的探索不仅有重要科学意义，而且对脑疾病防治、智能技术发展具有引导作用。

"十二五"科技创新成就展上，科技部党组成员、中央纪委驻科技部纪检组组长郭向远参观骆清铭教授团队显微光学切片断层成像仪展台

骆清铭教授在"十二五"科技创新成就展期间接受《求是》杂志社采访，介绍显微光学切片断层成像仪器的应用

2）闫大鹏教授团队：万瓦光纤激光器

光纤激光器由细如发丝的光纤释放激光能量，可广泛应用于工业造

船、飞机和汽车制造，以及 3D 打印等领域。与传统二氧化碳激光器相比，光纤激光器的耗电量仅为其五分之一，体积只有其十分之一，但速度快 4 倍，转换效率高 20%，且没有污染。2007 年以前，我国高功率光纤激光器长期依赖美国进口，其价格昂贵，供货周期长。闫大鹏教授团队经过多年努力，先后自主研发出功率从 10 瓦至 1 千瓦的多型全光纤激光器，打破国外垄断，并迫使同类进口产品价格下降 50%。2013 年，闫大鹏教授团队成功研发出我国首台 1 万瓦光纤激光器，成为继美国之后全球第二家掌握此核心技术的团队。万瓦连续光纤激光器的成功研制，打破了国外垄断，迫使同类进口产品价格由每台 500 万元降至 300 多万元。2 万瓦光纤激光器实现国产后，使进口产品售价降低 40%。

3) 谢庆国教授团队：全数字 PET

正电子发射断层成像（PET）是当今尖端的分子医学影像技术，在恶性肿瘤、神经系统疾病、心血管疾病等重大疾病的早期诊断、疗效评估、病理研究等方面具有极大的应用价值。谢庆国教授团队于 2004 年发明"数字 PET"概念，历经 10 余年形成完整技术体系。该技术罕见地集高度原创、技术成熟、自主可控这三个巨大却又互相排斥的优势于一体，或将带来全产业链的创新发展。

5. 两项成果入选 2017 年度中国光学十大进展

1) 陆培祥教授团队：基于轨道分辨高次谐波光谱的阿秒尺度分子核动力学探测

该成果入选 2017 年度中国光学十大进展（基础研究类）。陆培祥教授带领的超快光学团队在实验中发现了分裂的高次谐波辐射光谱，并从理论上揭示分裂的高次谐波光谱是由时间依赖的瞬时相位匹配引起的。基于瞬时相位匹配原理，该团队成功地在空间和频域上分辨出不同的费曼路径，并建立了不同费曼路径高次谐波的光子频率和时间的一对一映射，从而获得了更完整的信息和时间测量范围。

基于轨道分辨高次谐波光谱的阿秒尺度分子核动力学探测
入选 2017 年度中国光学十大进展

2) 唐江教授团队：基于非铅钙钛矿单晶的 X 射线探测器

该成果入选 2017 年度中国光学十大进展（应用研究类）。唐江教授团队创新性地提出了基于铯银铋溴双钙钛矿单晶的 X 射线直接探测，将铅基钙钛矿（$CsPbBr_3$）中的铅替换为银和铋，从而避免了铅的使用。更重要的是，铯银铋溴单晶探测器具有对 X 射线的高灵敏度和低检测限的特征，

基于非铅钙钛矿单晶的 X 射线探测器入选 2017 年度中国光学十大进展

主要体现在该材料具有高于铅基钙钛矿的平均原子序数，从而保证了 X 射线的高效吸收；同时，其间接带隙的跃迁特征保证了该材料长的少子寿命（660 ns）和载流子扩散距离，从而提高了探测器的电荷收集效率。此外，该材料缺陷浓度低且离子迁移不显著，保证了在工作条件下的高电阻率和低噪声特征，从而有效降低了探测器的检测限。通过单晶体缺陷的降低和表面缺陷的抑制，最终制备的探测器灵敏度达到 $105\mu CGy_{air}^{-1}\,cm^{-2}$，最低检测限为 $59.7 nGy_{air} s^{-1}$，高温和辐照稳定性好，综合性能达到甚至部分超过了铅基钙钛矿探测器水平。

● 能力建设：国际地位 跻身前列 ●

实验室一向重视国际交流与合作，成立学术咨询委员会，响应"高等学校学科创新引智计划"，建设"海外高层次人才创新创业基地"，建设多个国际合作机构，吸引海内外高层次人才"引进来"，鼓励教师和学生"走出去"，承办大型国际会议，创建多个国际学术交流品牌。另外，实验室还创办了 Journal of Innovative Optical Health Sciences 和 Frontiers of Optoelectronics 两大英文学术期刊。

实验室发挥国家级战略科技平台优势，积极参与国际大科学计划，致力于不断提升学科的国际竞争力、师者的国际创新力、学子的国际胜任力和自身的国际影响力。通过提升"四力"，使实验室跻身于国际光电领域研究机构前列。

一、成立学术咨询委员会

2006 年 11 月，武汉光电国家实验室（筹）学术咨询委员会成立，汇集多个学科领域的 32 名海内外专家，为实验室发展建言献策，同时吸引了一批富有朝气的学者，不断拓展着实验室的研究领域，促进了新型研究方向的形成，能源光子学的建立与发展就是最好的例证。

武汉光电国家实验室（筹）主任叶朝辉院士在2006"中国光谷"国际光电论坛暨武汉光电国家实验室学术咨询委员会成立大会的开幕式上致辞

二、成功获批"高等学校学科创新引智计划"（简称"111计划"）

2006年国庆节期间，实验室接到学校外事处的通知，教育部、国家外专局启动了"高等学校学科创新引智计划"（简称"111计划"）。实验室党政班子紧急商议，决定积极响应该计划，按照当时国际合作基础较好的"光电子器件与集成""光电信息存储""生物医学光子学"三个方向进行申报。各研究部抓紧与海外人才密切联系，积极组织做好"高等学校学科创新引智计划"的申报准备。经过周密的组织和精心的准备，2006年11月，实验室成功获得"111计划"。第一个五年计划执行期满后，实验室"111计划"经教育部、国家外专局考评为优秀，作为典型代表在总结大会上发言，并获得下一个五年的滚动支持。

实验室在"111计划"的支持下，累计邀请了来自美国、英国、加拿大、以色列、日本、俄罗斯、新加坡、澳大利亚等国家的海外专家近900人次来实验室讲学、授课、联合开展研究及人才培养，包括诺贝尔奖获得者6人次、院士78人次。其中，具有代表性的专家及取得成就如下。

（1）美国科学院院士、英国皇家学会外籍院士、瑞典皇家科学院院士Britton Chance（布立顿·强斯）从1999年开始，在10余年里先后8次来到实验室，以捐赠技术设备、授课、参与研讨会、指导学生实验、共同发表论文、共同主编会议论文集等形式，帮助实验室快速发展。Britton Chance 每次来实验室工作，时间都在 2 个月以上，与实验室教师们一起开展脑功能成像方面的合作研究，指导研究生科研工作，出席实验室顾问委员会和国际会议。因其对实验室和我国生物医学光子学学科发展作出的卓越贡献而获得了 2008 年度中国政府友谊奖和湖北省政府"编钟奖"，以及 2009 年度中华人民共和国国际科学技术合作奖。

2007 年，诺贝尔化学奖获得者 Richard R. Ernst 与 Britton Chance 在武汉光电国家实验室（筹）亲切会谈

Britton Chance 荣获 2008 年度中国政府友谊奖

Britton Chance 荣获 2009 年度中华人民共和国国际科学技术合作奖

Britton Chance 获 2008 年度湖北省政府"编钟奖"

（2）美国德州大学达拉斯分校前副校长冯达旋教授帮助策划并成立"Britton Chance 生物医学光子学研究中心"国际顾问委员会、工程科学学院国际顾问委员会和武汉光电国家实验室（筹）国际顾问委员会，参与国际顾问委员会工作，为实验室的发展出谋划策，因工作突出被授予 2009 年度湖北省政府"编钟奖"。

（3）俄罗斯萨拉托夫国立大学 Valery V. Tuchin 教授自 1998 年与华中科技大学建立联系以来，几乎每年都会来访，同时还选派其同事或学生到武汉光电国家实验室（筹）从事合作研究，双方互访超过 100 余人次。作为生物医学光子学与成像技术国际学术研讨会（PIBM）共同主席，帮助实验室创办国际期刊 JIOHS 和组织国际研讨会 PIBM。PIBM 迄今为止已举办了 16 届，会议的规模从当初的数十人，扩展到现在的数百人，已成为国际生物医学光子学领域最有影响力的会议之一。Valery V. Tuchin 教授荣获 2014 年度湖北省政府"编钟奖"。

冯达旋教授荣获 2009 年度湖北省政府"编钟奖"

2014 年 10 月，华中科技大学副校长骆清铭为 Valery V. Tuchin 颁发"编钟奖"证书

（4）杨庆教授荣获 2002 年度武汉市"黄鹤友谊奖"。杨庆教授在华中科技大学既有团队的基础上，优化人员结构，选择精兵强将，组建了由其牵头的一支冲击国际一流水平的精干科研队伍，选择了具有重大价值的国际前沿研究课题，获得计算机系统结构和网络存储领域的国家重大及重点项目，并开展具有国际一流水准的研究工作，带领这支科研队伍向国际最具影响力的顶级会议 ISCA/HPCA 冲刺。

在教学上，杨庆教授把在美国积累多年的经验带到华中科技大学，开设了一门核心课程"高性能计算机及并行处理"，课程配以先进的实践环节，这门课程的教学达到了国际一流大学的水平。他将国际上行之有效的博士生培养方式带到了华中科技大学，陆续培养了多名具有国际一流水平的博士研究生。

杨庆教授荣获 2002 年度武汉市"黄鹤友谊奖"

（5）汪正平院士荣获 2009 年度武汉市"黄鹤友谊奖"。汪正平教授是美国工程院院士、IEEE 及 Bell 实验室会士（Fellow）、佐治亚理工学院材料科学与工程学院董事教授，主要研究领域包括聚合材料、电子封装、纳米互连等。

从 1993 年起，汪正平教授成功发起并组织了在中国境内举办的电子封装技术国际会议（ICEPT），此举对国内电子封装行业的发展和国际交流起到了极大的促进作用。每届会议参加人数均达到 400 余人，来自世界近 20 个国家和地区的电子封装技术界知名专家、学会主席和著名电子制造商均莅临会议，为工程技术人员、研究者和高校研究生创造了一个广泛交流的高水平学术平台。

在电子封装领域，汪正平教授还与刘胜院士及其所在的武汉光电国家实验室（筹）微光机电团队共同完成了 IC 3D 封装制造、可靠性集成建模及验证体系。该技术目前处于世界领先地位，已与国内 4 家最大封装企业合作，完成产业化应用。在纳米互连领域，从纳米材料的制备，到材料的转移和装配，以及后续的测试方法，汪正平教授都给予了武汉光电国家实验室（筹）微光机电团队极大帮助，并积极协助开发了新型纳米材料键合技术，极大促进了国内纳米互连技术的发展。自 2001 年以来，汪正平教授作为华中科技大学兼职教授，共联合培养了 8 名优秀博士生。多年来，汪正平教授始终坚持每年至少来中国一次，为华中科技大学相关专业的学生作学术报告，为他们带来最新的学术成果、最新的研究方法。

汪正平院士荣获 2009 年度武汉市"黄鹤友谊奖"

江泓教授荣获 2010 年度武汉市"黄鹤友谊奖"

（6）江泓教授荣获 2010 年度武汉市"黄鹤友谊奖"。美国内布拉斯加大学林肯分校江泓教授利用学术休假期间在实验室工作，承担"高等计算机系统结构"核心课程，主持 973 计划子课题，代表华中科技大学参加国际著名的 Super Computing 大会，指导博士生参赛并获得国际首届"存储挑战决赛奖"，累计指导研究生和青年老师发表国际一流论文 10 篇。

（7）加拿大麦克马斯特大学李洵教授是光电子器件设计领域国际知名专家，其理论功底深，学术造诣高，授课体系严谨、表述生动。李洵教授为研究生讲授"光电子器件设计与模拟"课程，介绍电磁场及半导体物理基础理论知识，并将基本理论应用到具体模型中，使学生不仅能够从最深层面理解器件的结构和功能，还为设计半导体光电器件打下良好的基础。李洵教授每年利用学术休假期间来实验室开展科学研究，指导研究生，并担任工程科学学院教学执行院长，为工程科学学院本科生授课，并为企业开展相关培训。

2010 年 5 月 19 日，加拿大麦克马斯特大学李洵教授为企业开展工艺设备培训

三、获批中组部"海外高层次人才创新创业基地"

实验室自建设以来,高度重视并深刻认识到高层次人才是实验室生存和发展的关键,因此,实验室在海外高层次人才创新创业基地建设工作中精心实施人才战略规划,不断创新人才工作机制,着力建设光电人才高地。

实验室于 2008 年 12 月获批中组部首批"海外高层次人才创新创业基地"。2009 年,实验室拟定了该基地的建设方案,通过精心规划人才战略,确立了人才战略工作目标,创新了人才工作机制,建立了开放的国际化人才建设体系,搭建了一流学科研究平台,营造了人才创新创业的优良环境,建立了细致优质的服务体系,并营造了人才安心工作的良好氛围。

2008 年 12 月,实验室入选"海外高层次人才创新创业基地"

首批海外高层次人才计划入选者美国田纳西大学胡斌教授在接到实验室高层次人才招聘启事的邀请函后,与实验室相关工作人员往返数次邮件进行交流,最终成功申报该计划。为使首批海外高层次人才计划入选者胡斌教授能尽快开展工作,实验室为其学术团队引进四位海外人才,其中教授 3 名、副教授 1 名。

澳大利亚工程院院士程一兵教授是实验室遴选推荐的海外高层次人才计划入选者。实验室利用引进其博士后韩宏伟来实验室工作的机遇,聘请程一兵院士为顾问教授,使之成为海外高层次人才计划的入选者。

新加坡南洋理工大学沈平教授、加拿大麦克马斯特大学李洵教授等也先后成为海外高层次人才计划入选者。

至 2017 年底,武汉光电国家实验室(筹)有固定科研人员 410 余名,其中,兼职/双聘两院院士 8 名、海外院士 1 名、海外高层次人才计划入选者 13 名、海外高层次青年人才计划入选者 29 名。此外,实验室聘请了以美国科学院院士、英国皇家学会院士、瑞典皇家科学院院士、英国皇家工程院院士等著名海外大师和海外学术骨干组成海外学术军团，并聘请了国内外兼职教授 28 人。

四、建设多个国际合作机构

1. 2008 年被科技部、国家外国专家局授予为国家级国际联合研究中心

实验室在 2008 年被科技部、国家外国专家局授予为国家级国际联合研究中心，为实验室开展国际交流与合作提供了更好的平台。

2. 2015 年武汉光电国际合作联合实验室成功立项

2010 年以来，武汉光电国家实验室（筹）与美国佐治亚理工学院、罗切斯特大学等高校在多年交流合作的基础上，签署了共建武汉光电国际合作联合实验室协议。该联合实验室的中方主任为叶朝辉院士，首任海外主任为王中林教授，国际咨询委员会主任为冯达旋教授。武汉光电国际合作联合实验室依托武汉光电国家实验室（筹）建设，旨在通过与国外一流学校及高水平实验室共同合作，建设具有国际一流水平的光电学科科学研究、学术交流和人才培养中心。2015 年底，武汉光电国际合作联合实验室通过教育部立项论证，为我校首个与国外一流高校共建的联合实验室。

3. 2016 年光电转换与探测国际联合研究中心获得科技部批复

光电转换与探测国际联合研究中心依托武汉光电国家实验室（筹）建设，根据国家重大战略需求、"武汉·中国光谷"区域经济发展需求、国际光电学科前沿发展态势及实验室的实际情况，优先发展光电转换与探测方向，以国家重大研发任务为牵引，以国际合作专项为契机，通过能力建设，积极提出并努力争取牵头组织国际大科学计划。通过与瑞士洛桑联邦理工学院（EPFL）大脑模拟研究所、光子学和界面中心，以及美国罗切斯特大学光学研究所、佐治亚理工学院有机光子学与电子学中心等一流国际

高校和科研院所的合作，推行国际化管理，构建与国际接轨的运行机制，建立有中国特色的访问学者制度，为国际科技合作的顺利进行提供有力保障。

4. 2006 年 Britton Chance 生物医学光子学研究中心成立

2006 年 8 月，Britton Chance 生物医学光子学研究中心成立；2007 年，Britton Chance 生物医学光子学研究中心国际顾问委员会成立。在国际大师的指导与合作下，生物医学光子学得到跨越式发展。武汉光电国家实验室（筹）已与欧盟人脑计划"Human Brain Project"签署合作协议，将实验室的研究成果"脑图谱"用于欧盟人脑计划研究，所研发的脑网络光电成像 MOST 系列仪器已应用于与诺贝尔生理或医学奖得主 Sudhof 教授实验室、美国冷泉港实验室、美国 Allen 脑研究所等机构的合作研究中。

2007 年 3 月 21 日，杨福家院士、杨叔子院士访问 Britton Chance 生物医学光子学研究中心

2007 年 4 月 12 日，Britton Chance 生物医学光子学研究中心发展战略研讨会在武汉光电国家实验室（筹）举行

2008年，Britton Chance生物医学光子学研究中心发展战略研讨会领导与专家合影

2009年10月30—31日，Britton Chance生物医学光子学研究中心国际顾问委员会第三次会议暨光电医疗器械发展战略研讨会在武汉光电国家实验室（筹）成功召开

2010年11月4—5日，Britton Chance生物医学光子学研究中心国际顾问委员会会议召开

5. 2010年7月,格兰泽尔介观太阳能电池研究中心成立

迈克尔·格兰泽尔是瑞士洛桑联邦理工学院教授,华中科技大学名誉教授,是第三代染料敏化太阳能电池发明人。为了推动实验室太阳能电池研究工作,时任华中科技大学校长李培根带队赴瑞士洛桑联邦理工学院邀请格兰泽尔教授担任华中科技大学名誉教授,并成立格兰泽尔介观太阳能电池研究中心。2010年7月,格兰泽尔介观太阳能电池研究中心成立,有力推进了高效介观太阳能电池研究工作。

2010年7月19日,格兰泽尔介观太阳能电池研究中心成立

6. 2011年8月,先进非线性太赫兹研究中心成立

张希成是美国罗切斯特大学教授,太赫兹研究领域的国际著名专家。2009年,时任华中科技大学党委书记路钢带队赴美国,专程邀请张希成教授担任华中科技大学兼职教授,并与姚建铨院士一起,在实验室建立先进非线性太赫兹研究中心,指导实验室研究团队开展先进非线性太赫兹研究工作。

7. 2012 年 3 月，纳米表征与器件研究中心成立

王中林是美国佐治亚理工学院终身董事教授，国际顶尖纳米科学家、材料学家、能源技术专家。2009 年受聘为华中科技大学兼职教授、武汉光电国家实验室海外主任。为了支持实验室建设，王中林教授建立了纳米表征与器件研究中心，并支持其博士后周军到实验室工作，成立了研究团队，开展纳米表征与器件的研究工作。在国际大师的指导与合作下，研究中心的能力得到大幅提升。

五、敞开胸怀"引进来"

武汉光电国家实验室（筹）以国际化的开放机制，2020 年前平均每年吸引 10 余名外籍院士和 50 多位专家学者来实验室合作开展科学前沿研究工作，其中包括：多国院士、生物医学光子学创始人、2008 年中国政府友谊奖获得者布立顿·强斯教授，诺贝尔化学奖获得者、以色列科学家齐楷华教授，诺贝尔物理学奖获得者、美国能源部前部长朱棣文教授，美国四院院士、著名华裔科学家钱煦教授，美国工程院院士厉鼎毅教授，"染料敏化太阳能电池之父"格兰泽尔教授，中国科学院外籍院士、国际纳米科技领域具有重要学术影响力的王中林教授，澳大利亚工程院院士程一兵教授，国际太赫兹领域著名专家张希成教授，国际著名激光微纳制造专家、"肖洛奖"得主陆永枫教授，德国马普光学研究所主任 Vahid Sandoghdar 教授，英国曼彻斯特大学校长 Nancy Rothwell 教授，法国埃夫里大学校长 Patrick A. Curmi 教授，英国纽卡斯尔大学化学学院院长 Ulrich Stimming 教授，等等。

2009—2011 年间，Britton Chance（布立顿·强斯）教授（2009 年）、Aaron Ciechanover（齐楷华）教授（2010 年）、Michael Grätzel（迈克尔·格兰泽尔）教授（2011 年）、钱煦教授（2011 年）等四名海外学术大师获国务院批准，被授予华中科技大学名誉博士学位。

2006年10月17日，诺贝尔物理学奖获得者克劳斯·冯·克利钦教授访问武汉光电国家实验室（筹）

2007年6月28日，德国萨克森州州长米尔布拉德访问武汉光电国家实验室（筹）

2009年4月19日，华中科技大学校长李培根院士授予布立顿·强斯教授名誉博士学位

2010年1月15日，张希成教授受聘为华中科技大学兼职教授

2009年10月29日，"编钟奖"获得者冯达旋教授受聘为华中科技大学名誉教授

2010年5月31日，华中科技大学路钢书记会见王中林院士

2010年，华中科技大学路钢书记为格兰泽尔教授颁发华中科技大学名誉教授证书

2011年8月26日，中国工程院院长周济院士会见格兰泽尔教授

2011年8月31日，澳大利亚蒙纳士大学学者访问武汉光电国家实验室（筹）

2011年11月1日，华中科技大学副校长骆清铭授予美国四院院士、加州大学圣地亚哥分校钱煦教授名誉博士学位

2011年，姚建铨院士、张希成教授应邀参加第四届POEM

2013年5月17日，澳大利亚新南威尔士大学Martin Green受聘为华中科技大学客座教授

2016年3月15日，英国伯明翰大学执行副校长Jon Frampton一行访问武汉光电国家实验室（筹）

2016年11月3日，美国南加州大学教授、美国工程院院士、英国皇家工程院外籍院士、国际光学学会主席、"美国总统学者奖"得主 Alan E. Willner 受聘为华中科技大学名誉教授

2016年11月3日，英国皇家学会院士 Miles J. Padgett 教授受聘为华中科技大学名誉教授

2016年11月4日，诺贝尔物理学奖获得者、美国能源部前部长朱棣文教授一行到访武汉光电国家实验室（筹）

2017年，美国内布拉斯加大学林肯分校陆永枫教授受聘为华中科技大学顾问教授

2017年6月15日，英国南安普顿大学学生访问武汉光电国家实验室（筹）

六、满怀激情"走出去"

为了支持实验室的发展，2011年11月，华中科技大学党委书记路钢专程赴美国伦斯勒理工学院，商谈两校合作及双聘张希成教授事宜。路钢书记还率团赴澳大利亚蒙纳士大学，参观程一兵院士太阳能实验室，并探讨引进青年人才相关事宜。

2011年11月28日，华中科技大学路钢书记在蒙纳士大学会见程一兵院士等

2005年4月，华中科技大学校长、武汉光电国家实验室常务副主任李培根院士率团访问美国佐治亚理工学院，与该校就全面合作事宜举行会谈。李培根校长与佐治亚理工学院校长Wayne.Clough代表两校签署了合作备忘录。实验室副主任黄德修与佐治亚理工学院工学院院长Donp.Giddens就在华中科技大学校内建立光电子合作中心事宜签订了合作协议。

应德国图宾根大学校长Bernd Engler教授等人的邀请，2009年10月，校长李培根率团访问了德国，参加了"第四届中德大学校长会议"。随后，李培根访问了瑞士，会见了洛桑联邦理工学院Michael Grätzel教授，商谈该学院与武汉光电国家实验室（筹）在太阳能电池领域的科研合作事宜，并拜访知名学者，为学校延揽人才。

2005年4月，李培根校长与佐治亚理工学院校长Wayne.Clough代表两校签署合作备忘录

2009年10月8日，华中科技大学校长李培根与 Michael Grätzel 教授及瑞士洛桑联邦理工学院有关负责人合影

李培根、林林等在洛桑与留学人员座谈

2008年4月，华中科技大学副校长、实验室常务副主任骆清铭带队访问日本横滨大学太阳能电池著名专家宫坂力教授实验室。

骆清铭带队访问日本横滨大学

2008年9月22日，骆清铭带队访问法国巴黎南大学（现巴黎萨克雷大学）。

骆清铭带队访问巴黎南大学

2011年，华中科技大学副校长、实验室常务副主任骆清铭率团访问了俄罗斯萨拉托夫国立大学，圣彼得堡国立信息技术、机械与光学大学，圣彼得堡国立大学，莫斯科国立大学，俄罗斯科学院普罗霍罗夫普通物理研究所。在俄罗斯期间，骆清铭一行与俄罗斯各相关高校、研究机构商谈了国际合作相关事宜，涉及联合培养人才、互换学者、科研合作等国际交流项目，并签署备忘录。

骆清铭一行会见俄罗斯萨拉托夫国立大学
Leonid Yu. Kossovich 校长等

骆清铭一行参观俄罗斯萨拉托夫国立大学实验室

骆清铭一行会见圣彼得堡国立信息技术、
机械与光学大学 Kolesnikov 副校长等

骆清铭一行访问圣彼得堡国立信息
技术、机械与光学大学

骆清铭一行会见圣彼得堡国立大学
Nikolay G. Skvortsov 副校长等

骆清铭一行会见莫斯科国立大学
Alexeik. Khokhlov 副校长等

  2014年9月26日至27日，华中科技大学副校长、实验室常务副主任骆清铭率团访问了瑞士洛桑联邦理工学院（EPFL）。骆清铭与EPFL负责学术研究的院长 Andreas Mortensen 和校长的外事主管 Stéphane Decoutère 就两校在科学研究与人才培养等方面的合作交换了意见，双方就两校合作框架协议基本达成共识。

  骆清铭一行访问了EPFL的蓝脑计划实验室，参观了该实验室脑计划研究进展，并饶有兴趣地观看了该实验室使用武汉光电国家实验室（筹）生物医学光子学功能实验室发明的显微光学断层切片成像技术取得的鼠脑神经数据重构的脑神经连接图。骆清铭与蓝脑计划和人脑计划负责人、神经科学家亨利·马克拉姆（Henry Markram）进行了会谈，双方决定将在已有合作的基础上进一步加强合作。亨利·马克拉姆是欧洲人脑计划研究的领军科学家，人脑计划项目作为欧盟未来新兴技术旗舰计划之一，历时10年（2013—2023年），费用约12亿欧元。

欧盟人脑计划（Human Brain Project，HBP）采用我团队成果建立的"鼠脑最精细脑图谱基础数据库"

骆清铭一行还访问了EPFL格兰泽尔实验室，与Michael Grätzel教授就我校格兰泽尔介观太阳能电池研究中心下一步的建设和发展进行了卓有成效的会谈。骆清铭热情邀请格兰泽尔教授今后每年定期来实验室指导工作。武汉光电国家实验室（筹）与格兰泽尔教授在太阳能电池研究领域有长期合作，并合作发表了Science、Nature子刊等论文。格兰泽尔教授是EPFL最有影响力的教授之一，因研发染料敏化太阳能电池获得"千禧技术奖"。

2015年2月9日，武汉光电国家实验室（筹）在Photonics West会议期间举办Reception活动，以便招贤纳士和扩大实验室在国际上的影响，吸引了众多会议嘉宾参加。

2015年2月9日，武汉光电国家实验室（筹）在 Photonics West 会议期间在 San Francisco 举办 Reception 活动的部分留影

2009年7月13—17日，第14届光电子和通信会议（OECC 2009）在中国香港会议展览中心举行。本次会议由香港理工大学主办，由 IEEE 光电子学会和 IEEE 香港分会协办。武汉光电国家实验室（筹）光电器件与集成研究部刘文教授应邀作了题为"Innovative and Cost Effective Components for Fiber Communication"的大会报告。

刘文教授应邀在第14届光电子和通信会议上作大会报告

曾晓雁教授作为会议总主席，先后承办了第四届环太平洋激光与光电应用国际学术会议（PICALO 2010）和第三届高能束与特种能场制造国际学术会议（MP³ 2012），且举办了第一届亚洲激光探针学术研讨会（2015年）。曾晓雁教授还分别于 2013 年 10 月和 2015 年 2 月，在国际激光与光电子应用领域影响力最大的 ICALEO 国际会议（International Congress on Applications of Lasers & Electro-Optics）和美国西部光子学会议（Photonics West）作"激光 3D 打印技术"大会特邀报告，这是两大国际学术会议首次邀请我国学者作大会报告。

曾晓雁教授应邀在 2015 年度美国西部光子学会议上作大会报告

2017 年 1 月 28 日—2 月 3 日，2017 年度美国西部光子学会议在旧金山 Moscone Center 举行，曾绍群教授应邀在该会议的神经技术分会场上作大会报告。作为 2017 年新当选的 Fellow，曾绍群教授还收到了国际光学工程学会颁发的证书。

SPIE 主席向曾绍群教授颁发 SPIE Fellow 证书

七、承办大型国际会议

第 7 届亚太光通信会议（Asia-Pacific Optical Communications Conference，APOC）暨产业发展论坛于 2007 年 11 月 1—5 日在武汉科技会展中心举行，会议由国际光学工程学会（SPIE）、中国光学学会（COS）、中国通信学会（CIC）、武汉市人民政府主办，由武汉光电国家实验室（筹）、东湖新技术开发区生产力促进中心、武汉邮电科学研究院、国家光电子信息产业基地承办。

2007 年 APOC 开幕式

八、创建多个国际学术交流品牌

武汉光电国家实验室（筹）创建了七大国际学术交流品牌。
（1）WHOF：Wuhan Optoelectronics Forum（武汉光电论坛）。
（2）POEM：The International Photonics and OptoElectronics Meetings（国际光子与光电子学会议，原光子与光电子学会议）。
（3）PIBM：The International Conference on Photonics and Imaging in Biology and Medicine（生物医学光子学与成像技术国际学术研讨会）。

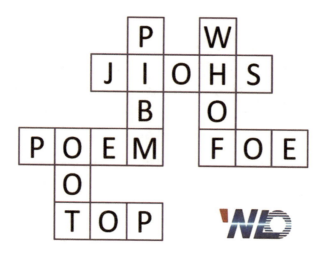

创建的七大国际学术交流品牌

（4）FOE：*Frontiers of OptoElectronics*（光电子学前沿期刊，高等教育出版社有限公司出版，德国施普林格出版公司发行的国际期刊）。

（5）JIOHS：*Journal of Innovative Optical Health Sciences*（世界科技出版社出版发行的国际期刊，被 SCI、EI 等数据库收录）。

（6）OOT：*Optics and Optoelectronics Technology*（光学与光电技术，中国科技核心期刊）。

（7）TOP：Trends in Optics and Photonics（光电动态）。

1. 国际光子与光电子学会议（POEM）

为充分发挥"武汉·中国光谷"产业优势，树立自主国际会议品牌，服务区域经济发展，提升学术声誉和国际地位，武汉光电国家实验室（筹）于 2008 年开始举办国际光子与光电子学会议（The International Photonics and OptoElectronics Meetings，POEM）。截至 2017 年，POEM 已连续举办十四届，会议论文集均被 EI 收录。经过多年坚持不懈的努力，POEM 已经发展成为一个覆盖光电子多个学科领域，汇集了众多国内外知名专家、学者、学术机构和企业的，集学术性和实用性于一体的高水平、高质量学术会议品牌。

2011年3月,国际光学委员会(International Commission for Optics,ICO)授权POEM 2012为ICO支持会议(ICO Endorsed Meeting)。从2012年起,实验室开始与美国光学学会联合举办专题会议,即POEM-OSA Topical Meetings。2016年,POEM与亚洲光通信会议(ACP)和生物医学光子学与成像技术国际学术研讨会(PIBM)携手合作,共同举办会议,与会人数超过千人。

POEM将在坚持自身特色的同时,继续扩大开放与合作,不断推进国际化与规范化的进程。

武汉光电国家实验室(筹)主任叶朝辉院士在第一届国际光子与光电子学会议(POEM 2008)开幕式上致辞

第二届国际光子与光电子学会议(POEM 2009)

第三届国际光子与光电子学会议（POEM 2010）

第四届国际光子与光电子学会议（POEM 2011）

第五届国际光子与光电子学会议（POEM 2012）

第六届国际光子与光电子学会议（POEM 2013）

第七届国际光子与光电子学会议（POEM 2014）

第八届国际光子与光电子学会议（POEM 2015）

第九届国际光子与光电子学会议（POEM 2016）

第十届国际光子与光电子学会议（POEM 2017）

2. 生物医学光子学与成像技术国际学术研讨会（PIBM）

生物医学光子学与成像技术国际学术研讨会（PIBM）是亚太地区规模最大的生物医学光子学国际盛会，1999年由华中科技大学在武汉创办，已连续在武汉、天津、苏州、海口等地成功举办多届，会议致力于为全世界生物医学光子学交叉学科领域的科学家、工程师、临床医生和企业提供国际一流的学术交流平台。

第五届生物医学光子学与成像技术国际学术研讨会（PIBM 2006）

第六届生物医学光子学与成像技术国际学术研讨会（PIBM 2007）

第七届生物医学光子学与成像技术国际学术研讨会（PIBM 2008）

华路蓝缕启山林 秉烛追光砥砺行：武汉光电国家研究中心二〇周年发展史

第八届生物医学光子学与成像技术国际学术研讨会（PIBM 2009）

第九届生物医学光子学与成像技术国际学术研讨会（PIBM 2010）

第十届生物医学光子学与成像技术国际学术研讨会（PIBM 2011）

第十一届生物医学光子学与成像技术国际学术研讨会（PIBM 2013）

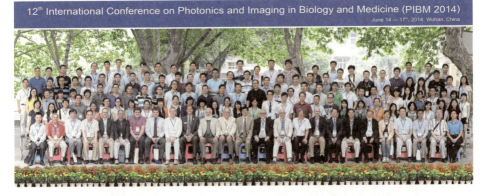

第十二届生物医学光子学与成像技术国际学术研讨会（PIBM 2014）

第十四届生物医学光子学与成像技术国际学术研讨会（PIBM 2017）

3. 武汉光电论坛

2008年4月，实验室创办了武汉光电论坛，该论坛邀请在光电领域有重要学术成就的科技专家，如院士、国家杰出青年科学基金项目获得者、教育部长江学者、国家重大科技计划专家、国外著名大学教授、知名企业技术负责人等，面向光电学科与产业发展的重大需求，介绍光电学科前沿和专业技术进展，讨论关键科学问题与技术难点，预测学科与产业发展趋势，从而打造盛载光电智慧的智囊库，树立光电前沿技术发展的风向标，为促进"武汉·中国光谷"的科技产业发展出谋划策。

武汉光电论坛被评为华中科技大学"十二五"校园文化建设"十大品牌"。截至2017年12月底，武汉光电论坛已成功举办134期。武汉光电论坛讲座的内容，特别是关键科学问题、技术难点、发展趋势预测会被整理成文，并汇编出版，主讲人可获赠《武汉光电论坛系列文集》和武汉光电论坛纪念盘以作纪念。目前，《武汉光电论坛系列文集》的第一辑到第五辑已经正式出版。

《武汉光电论坛系列文集》、纪念盘、荣誉证书

2008年4月7日，武汉光电论坛系列讲座第1期开幕。美国科学院院士、宾夕法尼亚大学教授、华中科技大学名誉博士布立顿·强斯作"微光电子学在医疗和诊断中的作用"报告

2009年1月6日，中国科学院上海光学精密机械研究所徐至展院士在武汉光电论坛第16期作"强场超快激光科学技术及其重要应用"报告，华中科技大学书记路钢和校长李培根为其颁发纪念盘

2009年4月27日，美国佐治亚理工学院材料科学和工程技术学院王中林院士在武汉光电论坛第20期作"新兴尖端技术——纳米发电机和纳米压电电子学"报告

2010年6月2日，南开大学葛墨林院士在武汉光电论坛第38期作"电磁斗篷理论与黎曼几何、压缩测量新理论"报告，武汉光电国家实验室（筹）海外主任王中林院士为葛院士颁发纪念盘

2011年5月27日，加拿大麦克马斯特大学武筱林教授在武汉光电论坛第47期作"高保真图像与视频处理的前沿技术"报告，骆清铭院士为武教授颁发纪念盘

2012年3月21日，美国中佛罗里达大学吴诗聪教授在武汉光电论坛第61期作"蓝相液晶显示：下一代颠覆性技术"报告

2013年4月12日，德国卡尔斯鲁厄理工学院Martin Wegener教授在武汉光电论坛第72期作"变换物理学——原理与应用"报告

2014年5月8日,英国南安普顿大学David N. Payne院士在武汉光电论坛第80期作"从玻璃到谷歌"报告

2015年11月12日,美国斯坦福大学崔屹教授在武汉光电论坛第105期作"纳米能源和环境材料的设计"报告

2016年3月29日，中国科学院微电子研究所刘明院士在武汉光电论坛第110期作"非易失半导体存储器技术"报告

2017年11月14日，英国阿斯顿大学光子技术研究所Michael（Misha）Sumetsky教授在武汉光电论坛第133期作"表面纳米轴向光子技术及其最新进展"报告

● 能力建设：成果转化 区域创新 ●

武汉光电国家实验室（筹）长期致力于促进光电产业升级和科技创新成果快速有效转化，促进创新链、人才链、产业链深度融合，先后成立湖

北省光电测试技术服务中心（2007年）、武汉光电工业技术研究院有限公司（2012年）、华中科技大学鄂州工业技术研究院（2016年）、华中科技大学苏州脑空间信息研究院（2016年）等，迄今已经完成30多个项目、120多项知识产权的成果转化，累计转化金额达3.3亿元。

一、测试服务平台

湖北省光电测试技术服务中心（简称"测试中心"）由湖北省科技厅、武汉市科技局和武汉东湖新技术开发区共同发起，在华中科技大学、武汉邮电科学研究院、中船重工集团七一七研究所三个单位长期开展友好和密切合作的基础上，有机整合了三个单位的软、硬件优质资源，依托武汉光电国家实验室（筹）建立的光电子技术创新服务平台。测试中心由湖北省政府支持1000万元，于2007年1月16日正式挂牌，对社会开放服务。测试中心总部设在武汉光电国家实验室（筹），同时在武汉邮电科学研究院和中船重工集团七一七研究所设有两个分部。

测试中心运行管理模式实行理事会领导下的主任负责制。其中，理事会由投资方、建设方组成，理事长单位由武汉光电国家实验室（筹）出任；理事会成员单位由湖北省科技厅、湖北省发改委、湖北省信息产业厅、武汉市科技局、武汉东湖新技术开发区管理委员会、武汉光电国家实验室（筹）、武汉邮电科学研究院及中船重工集团七一七研究所等单位组成。

测试中心整合华中科技大学、武汉邮电科学研究院网锐实验室、中船重工集团七一七研究所、武汉光电子计量测试检定站的现有测试仪器设备，并结合测试中心新投入的建设经费所购置的测试仪器设备，共同构成了测试中心平台的建设基础。所有这些纳入测试中心的仪器设备都在总部建立档案，并通过测试中心的网站全面对外开放服务。测试中心总部和分部现有的纳入测试中心平台建设的仪器设备保持产权不变，由产权所有者各自负责其自有设备的使用和维护。以测试中心的名义新购置的仪器设备归测试中心所有，集中放置在测试中心总部，实行统一管理，由专人负责维护和使用。

测试中心开展的服务主要包括：测试资源服务、技术研发服务、技术成果转化与推广服务、人才培训服务等。截至 2017 年 6 月 8 日，测试中心已对外签订服务合同 1152 份，服务金额达 2162.77 万元。

二、成果转化平台

（一）武汉光电工业技术研究院有限公司

武汉光电工业技术研究院有限公司（简称"光电工研院"）是 2012 年 10 月由武汉市人民政府和华中科技大学共建的，其中武汉市人民政府投入 500 亩土地和 2 亿元人民币。光电工研院以独立法人的形式，授权管理和使用依托单位和组建单位在武汉光电国家实验室（筹）支持下所获得的知识产权。它将以创新的机制，为加快促进光电产业升级和科技创新成果快速有效转化服务。目前已获得国家级科技企业孵化器、国家专业化众创空间、国家级众创空间三项国家级认定。

光电工研院在 2013 年推动了显微光学切片断层成像系统（MOST）知识产权组以 1000 万元价格挂牌交易，创下当时科技成果转让标的国内最大、个人及团队分配比例最高的两项纪录，成为部属高校挂牌转化科技成果的首个案例，为《中华人民共和国促进科技成果转化法》修订提供了重要参考，推动了高校知识产权"处置权、审批权、收益权"的下放。在 MOST 成功转化经验的基础上，光电工研院又推动了 OLED 有机发光材料、UVLED 芯片、柔性 OLED 显示用聚酰亚胺基膜、高端椭偏仪等一系列"卡脖子"技术的产业化，推动的超分辨纳米光刻技术产业化项目，有望广泛应用于高精密大规模集成电路的生产，发展出摆脱国外知识产权封锁的新一代半导体制造技术。

（二）华中科技大学鄂州工业技术研究院

华中科技大学鄂州工业技术研究院（简称"鄂州工研院"）成立于 2016 年 4 月 29 日，以"生态、健康、绿色"为理念，以新能源、生物技术、光电信息、医疗器械等领域为重点合作领域，通过建立研发平台，推动科研成果完成小试、中试阶段的设计和开发，孵化高科技企业，打造差异化的、具有引领示范和辐射带动作用的科技创新高地。目前，鄂州市人民政府已与华中科技大学就"可印刷介观太阳能电池""共聚焦显微内窥镜""矫正假性近视头戴式眼镜"等项目签订转化投资协议，积极促进其产业化。

（三）华中科技大学苏州脑空间信息研究院

华中科技大学苏州脑空间信息研究院是由华中科技大学、苏州市人民政府、苏州工业园区管理委员会和江苏省产业技术研究院于 2016 年 10 月签约共建的地方事业法人单位。华中科技大学苏州脑空间信息研究院面向脑科学与类脑研究的重大科学前沿方向，以骆清铭教授团队为核心，汇集脑科学和类脑研究领域的优秀人才，建设世界一流水平的脑科学与类脑国际合作研究中心、学术交流中心和成果转化基地，以促进科技与产业发展为目标，致力于发展世界领先的脑空间信息技术，开展以原创技术为核心的全脑介观神经连接图谱绘制研究工作，为攻克脑疾病与发展类脑智能技术提供重要支撑。

2016 年 10 月 8 日，华中科技大学副校长、实验室常务副主任骆清铭教授与苏州市人民政府、苏州工业园区、江苏省产业技术研究院签署协议

华中科技大学苏州脑空间信息研究院坐落于苏州纳米技术国家大学科技园内，总建筑面积 6000 余平方米，已建成全球规模最大、技术领先的

介观分辨率全脑神经连接图谱研发设施，稳定运行并对外开放。华中科技大学苏州脑空间信息研究院建立了以显微光学切片断层成像（MOST）为基础的系列全脑高分辨精准空间定位与成像技术，能以亚微米体素分辨率获取具有明确空间尺度和位置信息的全脑三维精细解剖结构。研究院拥有的设施正在脑内细胞类型普查、介观神经连接结构图谱绘制等方面发挥着关键作用。

华中科技大学苏州脑空间信息研究院科研人员在为鼠脑成像

三、开发核心关键技术，服务区域创新

实验室系列专利，如显微光学切片断层成像系统（MOST）、金属零部件激光增材制造技术、钙钛矿太阳能电池、多功能激光制造技术与装备、钢轨激光表面强韧化技术等多个项目的转化金额均超过1000万元，详情见下表。

序号	转化项目	负责人	转化价格/万元	年度
1	显微光学切片断层成像系统（MOST）	骆清铭	1000	2013
2	金属零部件激光增材制造技术	曾晓雁	1000	2015
3	钙钛矿太阳能电池	韩宏伟	1002.39	2016
4	多功能激光制造技术与装备	曾晓雁	3308.81	2016
5	钢轨激光表面强韧化技术	曾晓雁	3161.56	2016

1. 显微光学切片断层成像系统（MOST）成果公开挂牌交易

骆清铭教授团队完成的具有自主知识产权的显微光学切片断层成像系统（MOST）在国际上率先建立了可对厘米大小样本进行突起水平精细结构三维成像，填补了高分辨率可视化全脑网络空白。在"黄金十条"政策的推动下，这一国际领先成果成功在武汉光谷联交所挂牌出让，并与武汉沃亿生物有限公司以1000万元成交。这是教育部直属高校科研成果首次公开挂牌交易成功，实现了当时标的国内最大、个人及团队分配比例最高的两个全国第一，促进了武汉市科技成果转化"黄金十条"政策的落实，推动了湖北省政府在全国率先出台《促进高校院所科技成果转化暂行办法》，同时，为今后国内高校科技成果转化提供了良好示范，影响深远，受到广泛关注。《湖北日报》、《科技日报》、《长江日报》、湖北电视台、东方卫视、光明网等媒体均作了深入报道，众多媒体进行了转载。

2013年，MOST技术成果转让登上《科技日报》

2014年2月10日，由湖北省科技厅和荆楚网联合开展的湖北省2013年度"十大科技事件"评选活动揭晓，经过各地推荐、审查遴选、公示投票、专家评选等环节，显微光学切片断层成像系统（MOST）成果公开挂牌交易实现两个全国第一，成功入选。该事件此前已入选武汉市2013年度"最具影响力十大科技事件"。

2. 激光3D打印技术产业化

曾晓雁教授团队自2007年开始研究激光3D打印技术，并推进其产业化进程。2016年，曾晓雁教授团队完成的"金属零部件激光增材制造技术"，在国内外引起了很大的反响。该设备标志着我国自主研制的SLM成型技术与装备达到了国际先进甚至领先水平，为突破航空航天领域大尺寸复杂金属构件制造等"卡脖子"技术开辟了一条新路。2016年，该技术涉及的17项知识产权以千万元技术转移费用全部转移给上海电气集团股份有限公司，推动了激光3D打印装备逐渐走向市场。2017年，曾晓雁教授团队自主研发的钢轨激光表面强韧化技术，以3000余万元的转化价格落地鄂州。同期，另一个重要项目——多功能激光制造技术与装备也以3000余万元的转化价格落地鄂州。

3. 紫外发光二极管（LED）产业化

紫外发光二极管（Light Emitting Diode，LED）是一种能发射紫外线的半导体光电器件。紫外线应用领域广泛，不同波长的紫外线可用于空气净化器、净水器、冰箱等，实现消毒杀菌作用；用在医疗领域，能够治疗皮肤病；用在喷墨印刷固化、电子产品的胶水固化和光纤固化等领域，能替代传统的汞灯，固化质量更好、效率更高。长期以来，这项技术被美国SET和日本"日亚"等国外公司垄断，想要突破，必须从最基础的半导体材料开始。美国SET公司是世界紫外LED领域的巨头，它的创办人是陈长清教授的导师。2012年，回国创业的陈长清教授在武汉"3551光谷人才计划"的资金支持下，组建起自己的研发团队，在美国半导体技术的基础上不断改进、创新，成功研发出具有我国自主知识产权的紫外LED半导体材料生长及器件制备技术，该成果申请近20项专利，此外，该团队成功研制出性能在世界领先的全波段紫外UV-LED核心器件，并成功应用在固化、医疗、消毒杀菌等领域。2016年12月，陈长清教授正式成为第二批武汉"城市合伙人"。

4. 解决"空芯化"问题

填补国内空白、研发行业发展关键核心技术是实验室的职责和使命所在，往往也是"兵家必争之地"。

缪向水教授团队扎根存储器领域,自主研发存储芯片35年,从事存储器技术国际前沿创新研究和存储器芯片技术成果转化工作。2010年,缪向水团队研发出中国第一款相变存储芯片,擦写速度是当时闪存芯片的1000倍,处于国际领先地位。同时,缪向水教授团队也积极地与不同企业进行接洽。他们的专利转化成果曾入选湖北省2013年度"十大科技事件"和武汉市2013年度"最具影响力十大科技事件"。

刘文教授团队以纳米压印技术研制了DFB激光器,专家组鉴定该技术为:在国内外首次提出利用纳米压印技术制作DFB激光器光栅的方法;提出了二次模板的技术和制作方法,是DFB激光器制作工艺的一个创新;首次在同一外延片上利用纳米压印光栅技术制作了C波段26波长DWDM DFB半导体激光器;成果处于国际领先水平,有望成为一种低成本、高效率制作DWDM的方法。DFB激光器的创新技术有助于解决我国高端核心光电器件"空芯化"的问题。

5. 特种光纤的研发及光纤激光器产品化

李进延教授团队研制国产化的千瓦级掺镱双包层光纤,在锐科激光公司、上海光机所千瓦级光纤激光器中批量应用,有源光纤单纤激光器输出达到4 kW,打破了国外技术封锁,在光纤激光器方面取得突破。

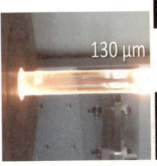

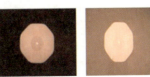

光纤激光器取得突破

6. 新一代高清光盘播放机深度研发

谢长生教授团队研制的新一代高清光盘播放机的 NVD 芯片、节目编著系统、网络视频等达到国家标准,打破了国外蓝光光盘播放机的垄断。在 2009 年第一批产品上市的基础上,开始了 2009NVD 行动计划,并对该技术进行深度研发。

2009 年,国家创新型产品红光高清 NVD 全球首发上市仪式

7. 孵化武汉迪源光电科技有限公司

2007 年,实验室与武汉迪源光电科技有限公司共同成立了新一代蓝光 LED 研发平台,突破了核心技术,孵化了光谷的 LED 产业。

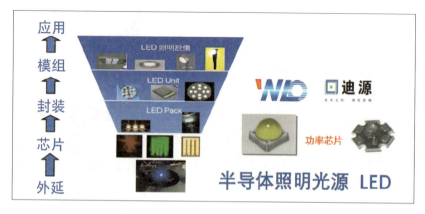

2007 年,实验室与迪源公司共同研发 LED 技术

8. 具有自主知识产权的 LED 路灯得到应用

刘胜院士团队研制了具有自主知识产权的高光效、低热阻 LED 路灯，其成果已成功应用于广东、湖南、贵州等地示范道路，取得良好照明效果，LED 封装技术水平国内领先。

高光效、低热阻 LED 路灯

武汉光电国家实验室（筹）建设十周年

2013年是武汉光电国家实验室（筹）建设十周年，实验室决定举行武汉光电国家实验室（筹）2013年学术委员会会议暨建设十周年工作汇报会，总结十年来实验室建设规划、研究成果及贡献、队伍建设与人才培养、开放交流与运行管理等整体建设情况，并听取学术委员会专家意见和建议，制定未来发展规划。

2013年11月17日，武汉光电国家实验室（筹）2013年学术委员会会议暨建设十周年工作汇报会在华中科技大学举行

学术委员会委员们在听取相关汇报，并对六个功能实验室进行考察后，肯定了实验室十年来所取得的成绩，并针对实验室的不足提出了意见

和建议：加强基础研究的比重、进一步梳理科学前沿或应用的研究、加强与产业需求紧密联系以推动成果应用等。

实验室决定在总结十年辉煌成果的基础上，继续敢为人先，不断追求卓越，克难攻坚、开拓创新，为国家创新驱动发展战略的实施、地方经济的转型升级作出更大贡献。

第四篇

驰光驱电 稳步奋进
（2017年12月至今）

2017年，武汉光电国家实验室（筹）以良好成绩通过科技部评估。2017年11月21日，科技部发布了《关于批准组建北京分子科学等6个国家研究中心的通知》，决定批准组建北京分子科学国家研究中心等6个国家级研究中心，依托华中科技大学的武汉光电国家研究中心获得批准，骆清铭担任武汉光电国家研究中心主任。历经14年建设的武汉光电国家实验室（筹）迎来了新的发展机遇。

牢记初心使命　党旗领航精耕细作

武汉光电国家研究中心党委坚持党旗领航，不忘初心、牢记使命，聚力奋进，实现高质量内涵式发展；持续加强党的政治建设、思想建设、组织建设、作风建设、纪律建设和制度建设。

一、党建工作

（一）政治建设

武汉光电国家研究中心党委坚持将习近平新时代中国特色社会主义思想作为自己的行动指南。研究中心党委始终发挥政治核心与政治引领作用，深刻领悟"两个确立"的决定性意义，增强"四个意识"、坚定"四个自信"、做到"两个维护"；贯彻落实立德树人根本任务，贯彻落实高水平科技自立、自强战略；持续推进前沿导向的探索性基础研究，持续推进市场导向的应用性基础研究，持续推进高水平人才队伍建设，持续推进科技成果转化与市场竞争力。

（二）思想建设

研究中心党委按照党中央的部署和校党委的安排，开展了一系列学习教育，坚持干部和党员的思想政治建设，如开展了"两学一做"学习教育（2017—2018年），"不忘初心、牢记使命"主题教育（2019—2020年），党史学习教育（2021—2022年）和学习贯彻习近平新时代中国特色社会主义思想主题教育（2023年以来）等。

1. 坚持开展学习教育

研究中心党委坚持带头学理论；坚持对党员干部进行教育培训；坚持"三会一课"制度；坚持民主生活会、党委书记讲党课、党委委员讲微党课等。研究中心及时通报传达上级文件和会议精神，建立会议理论学习常态化制度，将党的各项方针政策贯彻落实到党员群众之中。

开展学习教育

研究中心党委开展网络思政树榜样教育专栏活动，推出《工科回忆录》《工科人物志》《追梦国光·人物志》等专栏推文70余篇，弘扬追求卓越、科研报国精神。

2020年10月16日，研究中心党政联席会议研究决定，成立研究中心师德建设与监督工作小组。各党支部带动教职工学习政治理论，要求全体教师以习近平新时代中国特色社会主义思想为指导，深入学习贯彻习近平总书记关于教育的重要论述和全国教育大会精神，把立德树人的成效作为检验学校一切工作的根本标准，把师德师风作为评价教师队伍素质的第一标准，将社会主义核心价值观贯穿师德师风建设全过程。通过集体阅读教育专著、法律法规，学习师德师风模范事迹，开展师德修养讲座等活动，进一步提高教师对教育事业的热爱和对学生的无私奉献，提升为人师表、授业解惑的境界。研究中心编制了"新进教职工廉洁谈话资料手册"，并举行新进教职工廉洁谈话会，依托全体教职工大会、教职工党支部活动，多次开展师德师风教育，在职称评聘、评先评优中严格落实师德师风问题一票否决制。

2. 深化落实中央巡视和校内巡查整改任务

为推进基层党建标准化、规范化，研究中心不断提升综合治理能力，扎实推进各项工作。

2017年，武汉光电国家研究中心党委组织召开了落实中央巡视组巡视华中科技大学整改工作筹备会议。会议上，研究中心组织集中学习了《关于推进巡视整改工作的通知》《关于落实巡视反馈意见深入开展自查自改的通知》等文件。按照中央部署要求和学校巡视整改工作安排，为扎实推进巡视反馈问题整改落实，研究中心党委制定了《武汉光电国家研究中心巡视整改工作方案》。

2020年，校党委入驻研究中心开展校内巡查工作。研究中心党委高度重视，密切配合，坚决整改落实38项短期项目、14项长期项目；在整改工作中，研究中心领导班子把自己摆进去，重点问题责任到人；推进新大楼搬迁，关注师生民主问题，建立共建、共管、共享新机制，从而更好地使用新大楼的资源；通过整改促进发展，聘任了包括人民英雄张定宇在内的一批兼职教授，启动光谷研究中心、高端生物医学成像重大科技基础设施和协同创新中心的建设等。

（三）组织建设

研究中心通过合理规划，共设置25个党支部（其中教工党支部7个，学生党支部18个），人数较多的支部下设党小组，同时，选优配强党支部书记。按照"一好双强"标准，实施教师党支部书记"双带头人"培育工程；以长江、杰青、优青为代表的"双带头人"党支部书记比例保持100%，加强党建工作保障机制。成立党委办公室，选配德育助理；建设党员活动室；建立党委委员联系党支部、教师支部联系学生支部等制度；建设党员教育平台；严格按照规定的时间和程序开展换届工作；严格建立工作台账制度，加强监督检查。

1. 选举产生新一届党委委员和纪委委员

2021年9月26日,中共华中科技大学武汉光电国家研究中心委员会第二次党员代表大会顺利召开,大会选举产生了新一届党委委员和纪委委员,党委委员、纪委委员分工如下表所示。

党委委员分工表

序号	姓名	岗位	岗位职责	联系党支部
1	夏松	党委书记	负责党委全面工作	激光与太赫兹技术功能实验室教工党支部
2	韩晶	党委副书记	协助党委书记,负责纪检、学生思政、党建工作	生物医学光子学功能实验室学生第三党支部
3	吴非	党委副书记	协助党委书记,负责教师思政工作	行政教工党支部
4	朱芹	群工委员	负责党委群众工作	信息存储与光显示功能实验室教工党支部
5	王健	综治委员	负责党委综合治理工作	微纳制造工艺平台教工党支部
6	骆卫华	组织委员	负责党委组织工作	生物医学光子学功能实验室教工党支部
7	周铭	统战委员	负责党委统战工作	鄂州工研院临时党支部
8	王芳	保密委员	负责党委保密工作	光电子器件与集成功能实验室教工党支部
9	付玲	宣传委员	负责党委宣传工作	能源光子学功能实验室教工党支部
10	熊伟	青年委员	负责党委青年教育工作	激光与太赫兹技术功能实验室学生第一党支部
11	董建绩	学习委员	负责党委学习教育工作	光电子器件与集成功能实验室学生第一党支部

纪委委员分工表

序号	姓名	岗位	岗位职责
1	韩晶	纪委书记	全面负责纪委工作
2	郜定山	纪委委员	负责工程采购招标、平台测试收费、选人用人、意识形态等工作的监督
3	曾绍群	纪委委员	负责招生就业、科研成果转化、学术道德、职称评聘等工作的监督

2. 积极发展党员

根据《关于进一步加强在教师中发展党员的意见》（校党组〔2017〕15号）文件要求，每名党委委员至少联系1—2名青年教师，联系人每半年与所联系的教师至少谈话两次，经常向他们宣传党的路线方针政策，切实关心他们的工作、思想和生活，积极帮助他们解决遇到的实际困难，激发他们向党组织靠拢的热情，引导他们主动提出入党申请。至2022年12月底，研究中心在编在岗教职工175人，其中党员111人，约占63.4%；研究生1389人，其中党员833人，约占60%。

3. 获得的荣誉

2020年12月31日，生物医学光子学功能实验室教工党支部成功入选第二批高校"双带头人"教师党支部书记工作室建设单位。

入选第二批高校"双带头人"教师党支部书记工作室建设单位

2020年11月，闫大鹏荣获"全国劳动模范"光荣称号。

2020年11月，闫大鹏荣获"全国劳动模范"光荣称号

2022年9月21日，闫大鹏荣获中国侨联第九届"侨界贡献奖"一等奖。

2023年6月，能源光子学功能实验室研究生第四党支部入选湖北省高校"研究生样板党支部"候选单位。

入选湖北省高校"研究生样板党支部"候选单位

（四）作风建设

2020 年，按照校党委印发《关于在全校建立一线规则的实施方案》（党办发〔2020〕4 号）的通知精神，研究中心党委制定了中层干部前移一线规则，强化管理人员作风建设，开展赋能提升和流程再造，建立服务质量与奖励绩效挂钩制度；编制行政服务手册，汇编 14 类共 189 个流程，一方面要求行政人员按规章办事，另一方面为师生办事提供方便。

研究中心党委落实"一张表"工程。"一张表"工程建设于 2018 年 3 月启动，是学校第四次党代会确定的重要工作之一。武汉光电国家研究中心作为第一批试点单位，积极参与"一张表"工程建设及应用。让"数据多跑路，群众少跑路"，"一张表"工程通过信息系统集成、补充填报、核对等方式，获取人事、教学、科研等方面准确的基础数据。研究中心领导通过教学、科研、论文、人事和公益等统计报表进行统计分析，查看研究中心各项具体工作的清单，了解研究中心总体发展情况和每位教师的工作情况；系统管理员通过审核教师的考核表和业绩表，确定和配置业绩计算规则，建立有效的激励机制。

（五）纪律建设

研究中心党委、纪委站在进一步强化研究中心党员"四个意识"的高度，开展《关于新形势下党内政治生活的若干准则》《中国共产党党内监督条例》的学习与宣传工作，目的是进一步严肃党内政治生活，加强党内监督，推进全面从严治党，积极营造风清气正的育人环境。

1. 全面落实从严治党主体责任

党的十八大以来，面对党内一系列突出矛盾和问题，以习近平同志为核心的党中央把全面从严治党纳入"四个全面"战略布局，坚持打铁必须自身硬，从制定和落实中央八项规定开局破题，把严的标准、严的措施贯彻于管党、治党全过程和各方面，持之以恒，正风肃纪，以钉钉子精神纠治"四风"。

研究中心党委坚决落实全面从严治党责任，坚持一岗双责、党政同责,把全面落实责任制贯穿到党风廉政建设和反腐败的各项工作之中;健全纪检队伍,为各基层党支部配备纪检委员,完善职责、加强监督,实现廉政风险防控的全员覆盖;建立反腐败防控制度,筑牢廉政护栏,修订党委会议事规则、党政联席会议事规则,坚持落实"三重一大"决策制度,坚持民主集中制,进一步理顺关系,明确议事范围、健全议事规则、规范决策程序;督促制作监督执纪责任制谈话手册,梳理廉政风险点17个,并建立防范措施17条。

2. 抓好教育学习环节

按照学校要求,研究中心纪委专门成立廉政谈话小组,对2016年以来新入职教师有序开展谈话,强化政治素质教育和廉洁从业规范教育。

按照校纪委的安排,研究中心党委每年开展党风廉政建设宣传教育月活动,组织师生学习《中国共产党章程》《关于新形势下党内政治生活的若干准则》和《中国共产党党内监督条例》等知识,观看警示教育片,加强"政治纪律、组织纪律、廉洁纪律、群众纪律、工作纪律和生活纪律"的教育。

3. 抓好关键敏感环节

在关键敏感环节讲原则、依程序、守规矩。研究中心在研究生招生面试复试、本科生招生面试、免试推荐研究生及转专业等工作中程序规范。依据学校有关规定,结合具体情况,研究中心制定了《武汉光电国家研究中心接收免试推荐研究生招生简章》,根据简章的要求筛选条件合格的学生参加复试,再根据制定的《武汉光电国家研究中心研究生复试细则》,成立武汉光电国家研究中心研究生招生工作领导小组、招生监察小组、复试资格审查小组和复试工作小组。在研究中心党委监督和行政监察下进行研究生招生面试、复试工作,多层审核,全程摄像监控,复试结果按照要求在研究中心网页和研究生院网页进行公示。

工程科学学院(国际化示范学院)2014级本科生选拔与当年启明学院考试同步进行,学院未参与命题和改卷,按照教务处提供的考试成绩从高分到低分进行专家面试,录取30人,将程序和结果报教务处公示、备案,一切均按教务处指导完成，未出现"打招呼"、违规录取等现象；2015级学生按照高考成绩统一录取，学院教职工只参与招生宣传，未参与任何学生录取工作。

研究中心的各类采购活动均严格按照学校的相关管理制度进行。例如，价格5000元以上的设备、材料，其采购均通过设备处在网上竞价、竞标；危险化学试剂（如易制毒、剧毒化学试剂等）的采购申请必须首先经研究中心技术支持部审批，然后报洪山分局禁毒大队审批，双方审批通过后方能购买，并且在使用过程中严格实行台账管理，使用后的废液统一安排处理；元器件及耗材的界定严格按照学校的相关管理规定执行，坚持元器件及耗材在报账前先进行审核，大批量的元器件及耗材在报账时必须出具项目预算等材料。

（六）制度建设

2018年以来，研究中心共计发文150个。其中，中心发发文48个，中心党发文44个，中心人发文2个，中心研发文56个，形成了覆盖研究中心党务、行政、人事、研究生等较为完整的制度体系。

二、宣传与文化建设

（一）加强意识形态管理工作

研究中心党委出台《武汉光电国家研究中心进一步加强意识形态工作的决定》，制定《意识形态工作责任制实施方案》，成立研究中心意识形态工作领导小组，并落实各项责任清单。党委对教师引进、课程建设、教材选用、学术活动等进行把关，根据实际情况，开展专题研判，做到抓早、抓小，共完成19门国际化课程教学大纲思政元素修订，核查外语类及境外教材16本；树立网络阵地意识，建立备案、审核、分级把关制度；严格涉外人员管理，加强学生社团注册、换届管理和指导，经常性开展异常情况排查。

召开意识形态工作研讨会

（二）抢占舆论制高点，把握和引导舆论方向

　　研究中心党委按照校党委"讲好华中大故事"的要求，讲好武汉光电国家研究中心故事，抢占舆论宣传阵地，如大力发掘和宣传师风师德典型、党员先锋模范、励志学生榜样，对先进集体和个人进行报道；举行"红色模范"表彰大会，对优秀党支部、党务工作者、特色党日的风采进行展示，同时针对毕业生情况进行政治纪律和理想信念专题教育。为了进行红色文化传承教育，研究中心赴大别山、韶山、井冈山开展学习、培训，开办"不忘初心、牢记使命"红船精神党性教育培训班，在研究中心的微信公众号推出红色模范、知心导师等系列专访，以及"追梦国光·人物志"系列专访，包括师者、学子、校友等多个系列。2020年，关于华为"天才少年"的相关报道先后被《新华每日电讯》《人民日报》《光明日报》等20余家重要媒体转载或深度挖掘，三位华为"天才少年"引发社会广泛关注，研究中心领导在线做客腾讯新闻话题栏目《Q问》，并参加凤凰卫视《全媒体大开讲》专题直播，宣传华中科技大学坚持立德树人、家国天下的育人精神。此外，研究中心还发表了"国奖风采""工科人物志"等系列推文40余篇，总计阅读量超过3000人次。

开展多项学习、培训等活动

2023年8月,党委书记张涛带队组织教职工党员赴井冈山开展革命传统教育培训

关于华为"天才少年"的相关报道

(1) 微电影《追光》获 2019 年"讲好华中大故事"创意传播大赛一等奖。同时,武汉光电国家研究中心获 2019 年"讲好华中大故事"创意传播大赛优秀组织奖。

获 2019 年"讲好华中大故事"创意传播大赛一等奖及优秀组织奖

(2)《天才少年的"家"》获 2020 年"讲好华中大故事"创意传播大赛视频类二等奖。

获 2020 年"讲好华中大故事"创意传播大赛视频类二等奖

(3) 2020 年湖北卫视报道研究中心"科普云"直播。

(4) 2021 年央视《今日中国》栏目播放研究中心太阳能电池视频。

（三）加强精神文明建设

为活跃职工精神文化生活，促进师生共同体建设，研究中心引导工会、研究生会、分团委组织"星空——科学与艺术的对望"室内音乐会、下午茶、森林公园健步行、"最美春光"摄影比赛、师生羽毛球赛、青年教师沙龙、"师生零距离·浓情午餐会"等活动，开展"追梦国光"教职工文化节、"喻家湖春光"健步行、"书香国光"系列文化讲座、"献礼建国70周年"文艺作品大赛等师生喜闻乐见的各类文化活动，打造"教工之家"和"国光书屋"文化活动场地，增设"国光学子"奖学金等，受到全体师生广泛关注。研究中心两个微信公众号发送推文，培育"武汉光电论坛""武汉光电青年论坛"等校园文化品牌，弘扬传统文化和社会主义核心价值观，深入群众听取意见、建议，加强学科交流和师生互动，活跃思想文化建设。

三、做好学生思想政治工作

研究中心党委坚持立德树人根本任务，构建三全育人大思政格局，不断加强研究生思政队伍建设与教育管理，筑牢阵地开展思政教育，结合重大政治历史事件开展主题教育，为学生扎牢理想信念之根。持续推进"追光人才培养工程"，树立"党建＋"工作理念，将协同育人模式高度融合到人才培养全过程，切实提升育人质量。

做好研究生德育助理的选拔、聘用、管理、培训和考核工作，举办德育助理例会和学生干部联席会，以及德育助理和新生班干部、党支部书记培训会，做到选好人、用好人、在工作中锻炼人。

抓好本科生/研究生入学教育环节，加强学术诚信教育。坚持党委书记、党委委员为学生上思政课。全面落实研究生导师负责制，开展本科生导师学业/专业指导。实施"研究生创新能力提升工程"，设立200万元"优质生源奖学金""国光学子奖"，奖励157名优秀学生。将团的建设纳入党建工作总体部署，切实加强和改进共青团及群团工作，扎实推进、落实学生会改革。广泛开展爱国主义、集体主义、社会主义教育活动。

校领导与本科生座谈　　　　　　　　班主任到学生宿舍加强教育管理

以鲜活方式抓实理论武装，增强认同感。经精心设计和谋划，研究中心举办了"我的中国芯"七一特色党日活动，邀请相关专家从专业的角度探讨对"中兴事件"的看法和理解，引导与会党员代表进行冷静、理性思考，大家通过对"中兴事件"的主题讨论，纷纷表达了要为科技强国贡献"国光"力量、做中国光电的"魂"和"芯"的信念，坚定了科技报国的决心。研究生德育助理组织功能实验室新生开展特色团课活动，以及组织开展"青春告白祖国""我和国旗合个影"等主题实践教育活动。

组织各类主题实践教育活动

四、统战工作

研究中心党委学习贯彻习近平总书记关于加强和改进统一战线工作的重要思想，明确统战工作任务，履行统战工作主体责任和党组织主要负责人为第一责任人责任，设置统战委员。树立大统战观念，积极发挥各民主党派、各统战团体、各民族的参政议政及在教学科研工作中的作用。加强党外知识分子思想政治引领，增强思想引领的针对性、实效性。建立与党外人士联谊交友制度，领导班子带头参加统战活动，带头与党外人士联谊交友。加强对党外代表人士的日常管理，建立党外代表人士后备队伍数据库，加大发现、培养、使用后备队伍力度。

积极推荐党外人士参政议政，支持党外人士发挥作用。冯丹教授担任武汉市政协委员，第十三、十四届全国人大代表；陆培祥教授担任民进湖北省委会副主委，湖北省第十四届人大社会建设委员会委员；王鸣魁荣获第十四次湖北省侨联"梁亮胜侨界科技奖励基金"；陈炜被推荐为湖北省党外知识分子联谊会第五届理事会理事。建立研究中心民主党派、无党派、归侨和侨眷信息表。截至2021年，研究中心在编在岗教职工有归侨和侨眷28人，归国留学人员107人，少数民族2人，民主党派13人和无党派人士15人。

五、工会工作

（一）组织机构建设与调整

2021年6月28日，根据校工会《关于武汉光电国家研究中心工会委员会换届选举结果的批复》（校工会〔2021〕21号），研究中心第五届工会委员会组成成员：郜定山同志任工会主席，刘坤、李海清同志任工会副主席，陈智敏、周祖怡、胡玥、陆锦玲同志为工会委员。2023年4月7日，因个别工会委员工作调动、离职等原因，经校工会批准，进行了工会委员个别改选，改选后的工会委员会组成成员：郜定山同志任工会主席，刘坤、谭支鹏同志任工会副主席，陈智敏、孙锦、苏俊、陆锦玲同志为工会委员。

(二)工会工作理念与工作成效

1. 认真学习各项精神,积极做好宣传工作

研究中心工会委员会认真学习各项精神,准确理解和把握新时期工会工作的新要求,增强实干精神,加强工会组织建设、制度建设,完成校工会布置的各项工作。积极宣传师德先进事迹和各类先进典型,创造良好舆论氛围。研究中心多位教职工个人或集体获全国五一劳动奖章、全国三八红旗手、湖北省五一劳动奖章、校"师德先进个人"、校"巾帼建功示范岗"、校"十佳青年教工"、校"十佳女教职工"、校"五好家庭"、校"最美家庭"等荣誉。

2. 积极参与民主管理,发挥教职工参政议政的主人翁精神

研究中心工会按照习近平总书记在党的二十大报告中指出的"发展全过程人民民主"的重要指示精神,通过教代会平台,切实维护教职工参政议政的民主权利。工会主席作为党政联席会议的一员,参与研究中心的决策。研究中心教职工绩效分配方案、研究生招生指标分配方案、职称评聘细则等,均按程序提交二级教代会审议,做到重要事项决策民主、公开、透明。工会还认真组织本单位教代会代表提交教代会提案,2017年获校四届一次教代会"优秀提案奖",2022年获校五届一次教代会"提案工作组织奖"。

3. 关注民生问题,为群众办实事,努力维护教职工的合法权益

研究中心工会深入基层了解情况,做好教职工思想工作。配合党委,化解一些矛盾,积极促进学校和研究中心的改革、发展与稳定。工会切实关心教职工的生活,开展送温暖活动,每年定期组织慰问困难和生病教职工近20次;配合研究中心党委组织教师节、重阳节慰问多次;每年举办教职工集体生日会7—8次,参加生日会的人数超过260人次;定期举办教职工"荣休仪式",为教学科研一线教职工、退休教职工送去温馨的问候和祝福。工会坚持为教职工多做好事和实事,组织并落实教职工的困难

补助和医疗补助；组织教职工全面细致体检；关注教师们的需求，把教师的身心健康、幸福生活作为大事去抓。通过研究中心的"十件实事"工程，将涉及民生的各项事宜（小到卫生间环境改善、扩建公共交流空间，大到新大楼园区绿化升级工程、"一张表"工程等）件件落实，让广大教职工满意。

2022年教师节座谈会

4. 竭力创新文体活动组织形式，服务研究中心科教大局

研究中心工会积极创新工会文体活动，开展了"追光"教职工文化节活动，推出了包括大众运动、生活情趣、文化公益等三大主题在内的近20项系列活动。在文化节活动内容上，研究中心推出"趣、智、缘"相结合，知识性、艺术性、趣味性融为一体的精品文化活动；在组织形式上，按照"广泛参与、思想引领、丰富文化"的组织原则，采用积分制的形式鼓励教职工参与文化节活动，大力推进教职工文体活动的广泛开展。研究中心工会每年组织"健步行"踏青、近郊春/秋游、趣味运动会、"追光杯"师生羽毛球赛、师生篮球嘉年华、"绳彩飞扬"1分钟跳绳比赛等10余次丰富多彩的体育活动。除了组织大量体育活动外，研究中心还组建了科学家合唱团，每年排练近40次，参加了校歌首发仪式、"梦系红楼"大型主题音乐会、70周年校庆晚会等重要演出。同时，研究中心工会还组织了琴台音乐厅经典音乐会赏析、"书香国光"玉石文化、摄影艺术、茶与养生等系列讲座或活动，显著提高了教职工人文艺术修养，极大丰富了教职工业余生活。

筚路蓝缕启山林　秉烛追光砥砺行：武汉光电国家研究中心20周年发展史

组织各类文体活动

(三) 获得的荣誉

2017 年，韩道获第十届"武汉青年五四奖章"。

2020 年，张智红获湖北省"百名优秀女性科技创新人才"称号。

2020 年，唐江教授团队参加湖北省教科文卫体系统第三届职工创业创新比赛，获"十佳创新奖"（排名第一）。

2021 年，牛广达教授团队、李进延教授团队参加湖北省第四届"工友杯"职工创业创新大赛，分别获得湖北省教科文卫体系统"十佳创新奖"和"十佳创业奖"。

2023 年，赵彦立教授获湖北省第五届"工友杯"职工创业创新大赛 21 赛区"十佳创新奖"，刘宗豪教授获"优秀创新奖"。

完善体制机制　构建现代科研机构

武汉光电国家研究中心依托华中科技大学，联合中国科学院精密测量科学与技术创新研究院、中国船舶重工集团公司第七一七研究所和中国信息通信科技集团有限公司进行协同创新，实行建设运行管理委员会和学术委员会领导下的研究中心主任负责制。研究中心计划逐步建立起适应大科学时代特征的现代科研组织结构。

一、研究中心发展规划

2017年12月，华中科技大学与武汉光电国家研究中心经研究后明确了研究中心的定位：在信息光电子、能量光电子、生命光电子三个领域，开展前瞻性、战略性、前沿性学科交叉基础研究，在光电领域提升源头创新能力，支撑"武汉·中国光谷"支柱产业结构升级，成为引领光电科学发展的学科交叉型科技创新基地，依托光学工程、计算机科学与技术、生物医学工程、电子科学与技术等优势学科，将研究中心建设成为学术创新中心、人才培育中心、学科引领中心以及科学知识传播和成果转移中心。

研究中心的总体发展目标如下。

近期发展目标（5年）：完成信息光电子、能量光电子、生命光电子三大领域的重大基础设施平台建设，发展成为有较高国际知名度、承接国家重大任务能力突出、运转良好的科学研究中心，在解决国家科技发展瓶颈问题、促进区域经济发展中发挥重要作用。

中期发展目标（10—15年）：发展成为光电领域国际一流的科学研究中心，在解决人类面临共同挑战问题时表现突出。

远期发展目标（30—35年）：到21世纪中叶，发展成为光电领域在国际上全面领先的科学研究中心，取得若干项重大原创性基础研究成果，为人类社会发展作出重要贡献。

研究中心的总体发展目标和思路：战略引领，目标管理，顶天立地，区域创新。由重大任务牵引，按需聚才，按需建设研究平台，按全链条、一体化思路组织科研创新活动。

研究中心的研究方向布局如下图所示。

武汉光电国家研究中心的研究方向

研究中心的队伍建设与人才培养规划：由研究队伍、技术队伍与管理服务队伍三支队伍组成，其中固定编制450人，流动编制350人，每个研究方向凝聚3—5名有全球影响力的领军人才。

2020年，研究中心调整了定位及目标。

定位：面向世界科技前沿、面向经济主战场、面向国家重大需求、面向人民生命健康。开展前瞻性、战略性、前沿基础交叉研究，提升源头创新力，支撑光电行业的产业结构升级。

目标：加强前沿探索，培养拔尖创新人才，培育国际并跑和领跑学科方向，产出重大原创成果。服务区域优势产业的国际竞争力，推动中国光谷成为世界光谷。

按照研究中心建设学科平台一体化的"大光电"规划，时任华中科技大学副校长张新亮牵头推进如下几项工作：一是成立建设运行管理委员会及学术委员会；二是推进光电信息学院和研究中心新大楼搬迁工作，按照学科方向实现物理空间聚集；三是继续凝聚优势力量，融合四家组建单位组建研究中心；四是发挥学科引领和区域带动作用，积极申报"光电子技术省部共建协同创新中心"；五是推进"湖北光谷实验室"申报与建设，争创国家实验室；六是推进"高端生物医学成像重大科技基础设施"申报与建设；七是升级微纳平台创新服务能力。

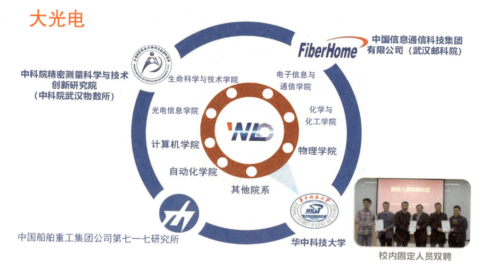

研究中心的组建

二、研究中心建设运行管理委员会及学术委员会

2018年3月22日，武汉光电国家研究中心建设运行实施方案通过专家论证，研究中心开始全面建设，建设运行管理委员会和学术委员会相继成立。

武汉光电国家研究中心建设运行实施方案专家论证会

2018年10月29日,武汉光电国家研究中心第一届学术委员会第一次会议顺利召开。

武汉光电国家研究中心第一届学术委员会第一次会议

2019年12月21日,武汉光电国家研究中心建设运行管理委员会会议和武汉光电国家研究中心2019年学术委员会会议顺利召开。

武汉光电国家研究中心建设运行管理委员会会议

武汉光电国家研究中心 2019 年学术委员会会议

2020年11月,武汉光电国家研究中心第一届学术委员会第三次会议顺利召开。

2020年11月,武汉光电国家研究中心第一届学术委员会第三次会议

2020年11月,武汉光电国家研究中心2020年建设运行管理委员会会议顺利召开。

2020年11月,武汉光电国家研究中心2020年建设运行管理委员会会议

2021年12月，武汉光电国家研究中心第一届学术委员会第四次会议顺利召开。

2021 年 12 月，武汉光电国家研究中心第一届学术委员会第四次会议

2023 年 9 月，武汉光电国家研究中心第一届学术委员会第五次会议顺利召开。

2023 年 9 月，武汉光电国家研究中心第一届学术委员会第五次会议

三、研究中心下属研究部的建设规划

研究中心从 2021 年 6 月 17 日至 2021 年 11 月 20 日共组织了 5 次研讨会，研讨研究中心下属研究部的建设规划，并组织了 1 次校内专家研讨

会，对各研究部的建设方案进行了评议。具体建设规划如下。

调动校内外优势研究力量，积极发挥中青年学科带头人作用，以现有武汉光电国家研究中心、光电信息学院优势研究队伍为主体，与计算机学院、物理学院、自动化学院、电子信息与通信学院和生命科学与技术学院等共建研究部，与精测院联合建设两个研究部，与中科院武汉物理与数学研究所、中船重工集团七一七研究所、武汉邮电科学研究院共同建设相应研究部。

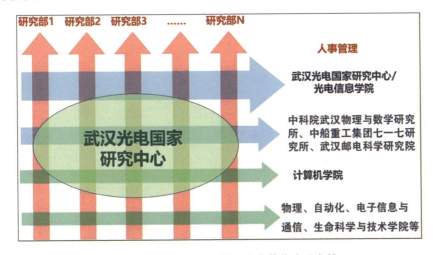

研究中心调动校内外优势研究力量共建研究部

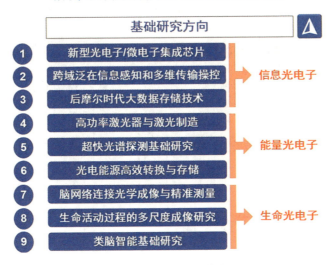

研究部的基础研究方向

研究中心下设8个研究部，包括集成光子学研究部、光子辐射与探测研究部、光电信息存储研究部、激光科学与技术研究部、能源光子学研究部、生物医学光子学研究部、多模态分子影像研究部、生命分子网络与谱学研究部。

研究中心8个研究部的研究主题与主要负责人

研究部	研究主题	负责人	行政负责人
生物医学光子学研究部	生物医学光子学	曾绍群	王平
激光科学与技术研究部	激光科学与技术	陆培祥	熊伟
光电信息存储研究部	光电信息存储	冯丹	王芳
集成光子学研究部	集成光子学	余少华、张新亮	余宇
能源光子学研究部	能源光子学	黄维、唐江	王磊
光子辐射与探测研究部	光子辐射与探测	鲍晓静、刘德明	唐明
多模态分子影像研究部	多模态分子影像	周欣、李强	郭茜妮
生命分子网络与谱学研究部	生命分子网络与谱学	刘买利	蒋滨

2017年至今研究中心的组织架构如下图所示。

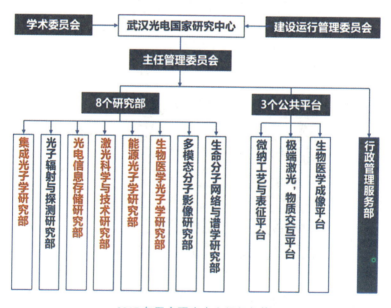

2017年至今研究中心组织架构

四、建设光电信息大楼

华中科技大学高度重视武汉光电国家研究中心的建设，决定新建光电信息大楼，将武汉光电国家研究中心和光电信息学院集中在一起，更好地推进学科发展和研究中心的建设。时任华中科技大学校长丁烈云亲自为光电信息大楼选址，并参加大楼建设方案论证。光电信息大楼建设总投资4.9149亿元，其中教育部投资1.4796亿元、武汉市政府投资0.5亿元、武汉东湖新技术开发区政府投资2.5亿元、华中科技大学自筹0.4353亿元。

2019年，在华中科技大学和东湖新技术开发区的高度重视与大力支持下，雄伟大气、结构新颖的光电信息大楼耸立于学校东大门旁。

2019年，东湖新技术开发区政府再次拨款5000万元，支持研究中心新的项目与人才工作，为区域经济发展再作贡献。

2019年落成并投入使用的光电信息大楼

2019年，张新亮副校长按照学校党委的部署要求，推进研究中心搬迁工作。当年9月，研究中心行政办公室迁入光电信息大楼，各研究部也开始有序迁入。至2023年9月，所有教师团队均已迁入光电信息大楼。

2019年光电信息大楼启用仪式

五、调整研究中心相关领导职务

研究中心建设以来，华中科技大学对研究中心领导班子进行了相应调整。

2018年3月至10月，研究中心建设运行管理委员会聘丁烈云任研究中心建设运行管理委员会主任；2018年11月至2021年10月，研究中心建设运行管理委员会聘李元元任研究中心建设运行管理委员会主任；2021年10月至今，研究中心建设运行管理委员会聘尤政任研究中心建设运行管理委员会主任。2017年10月，朱芥任研究中心副主任（校党任〔2017〕11号）；2019年1月，韩晶任研究中心党委副书记（校党任〔2019〕1号）；2019年4月，刘买利任研究中心副主任（聘书）；2019年7月，唐江任研究中心副主任（校党任〔2019〕10号）；2020年9月，陆培祥任研究中心副主任（校组干〔2020〕46号）；2021年3月，王健任研究中心副主任（校党任〔2021〕9号）；2021年4月，张新亮任研究中心常务副主任（校党任〔2021〕7号）；2021年4月，吴非任研究中心党委副书记（校党任〔2021〕11号）；2022年8月，张涛任研究中心党委书记（校党任〔2022〕17号）；2022年12月，陆培祥任研究中心常务副主任（校聘〔2022〕3号）。

2019年，李元元校长给刘买利院士颁发副主任聘书

践行立德树人　创新引领广育英才

作为依托高校建设的国家级研究机构，研究中心始终坚持党管人才，深入贯彻"人才强国"战略，将人才作为支撑发展的第一资源，积极营造引才、聚才、育才的良好氛围。一方面，将平台科研资源转化为育人资源，为培养拔尖、创新、创业人才和卓越工程师贡献应有力量；另一方面，充分利用平台优势引才和聚才，助力青年研究人员在服务"四个面向"中成长。研究中心人才队伍不断壮大，目前包含依托单位和共建单位共有全职研究人员495人，其中，国家自然科学基金委员会创新研究群体负责人5人；2017年以来成长为院士2人；入选中组部、教育部和科技部各类中青年科技领军人才计划近30人；入选优青、青年拔尖、海外高层次青年人才计划等近80人；当选国际各类学会Fellow 30人。研究中心已形成一个光电领域优秀中青年人才聚集的高地。

一、人才队伍建设

（一）获批国家自然科学基金委员会创新研究群体项目（5个）

1. 生物核磁共振波谱学创新研究群体（2009年）

2009年，武汉光电国家实验室（筹）获批国家自然科学基金委员会创新研究群体项目——生物核磁共振波谱学创新研究群体。该群体主要围绕重要的科学问题（特别是生命科学中的科学问题），开展核磁共振分析原理、技术、方法的创新研究；培养多学科交叉人才；为相关领域的研究提供支撑；推动核磁共振学科发展，引领我国多学科交叉的磁共振基础研究与应用研究。在国家自然科学基金（创新研究群体项目 20921004、21221064）的持续资助下，群体成员围绕预期目标开展深入系统的合作研究，取得的主要成果包括：① 研制了一系列具有自主知识产权的先进核磁共振波谱仪/成像仪，包括 500 MHz 高场核磁共振波谱仪、超极化 ^{129}Xe 肺部成像仪，以及动态核极化-核磁共振分子影像装置；② 发展了快速、高灵敏的生物磁共振分析新方法，包括用于蛋白结构解析和相互作用研究的新方法、NMR 代谢组学新方法，以及多模态活体成像/波谱新方法；③ 开展了磁共振方法与技术在生命分析中的应用研究，包括膜相关蛋白高分辨三维结构的核磁共振解析、蛋白质间弱相互作用实验探测、重大疾病的发生发展机制的代谢组学研究，以及成瘾类疾病机理的脑功能成像及波谱研究；④ 项目执行期间共发表 SCI 论文 428 篇，其中包括 *Science* 1 篇、*PNAS* 2 篇、*JACS* 13 篇、*Angew. Chem. Int. Ed.* 9 篇，该群体核心成员合作发表的论文占 27%，SCI 引用 9.4 次/篇；⑤ 该群体负责人刘买利研究员于 2021 年当选为中国科学院院士，项目执行期间引进培养了一批青年骨干（含海外高层次青年人才计划 1 人、百人计划 4 人），2 人获得国家杰出青年科学基金项目资助，1 人担任 973 计划项目首席科学家，2 人获得中组部"万人计划"青年拔尖人才资助。

2. 生物医学光子学创新研究群体（2012 年、2015 年、2018 年滚动支持）

生物医学光子学创新研究群体最早起源于骆清铭、曾绍群和龚辉三位教授于 1997 年 3 月在华中科技大学建立的生物医学光子学实验室，发展针对生命活动基本过程监测的光子学原理、技术与方法。随着研究工作的深入与拓展，团队吸引了来自生物光学探针、系统生物分析、生物医学工程、神经科学、医学、信息处理等领域的骨干逐步加入，至 2003 年基本成形，并于 2005 年和 2006 年分别获得湖北省和教育部创新团队称号。团队积极参与和推动中国光学学会设立生物医学光子学专业委员会，获得了国家自然科学基金委员会、科技部、教育部近 70 项课题资助。2000 年获准建立生物医学光子学教育部重点实验室；2005 年组建武汉光电国家实验室（筹）生物医学光子学研究部；2010 年该创新研究群体的"生物功能的飞秒激光光学成像机理研究"获得国家自然科学奖二等奖；2010年创建的显微光学切片断层成像（MOST）技术发表于 Science。该群体在国家自然科学基金（创新研究群体项目61121004、61421064、61721092）的持续资助下，以武汉光电国家研究中心骆清铭院士为学术带头人，长期致力于发展高时空分辨的光学研究方法和工具，特别是面向神经科学重大需求，围绕构建和解析全脑神经环路的精细结构与功能展开深入研究，发展光学标记、光学检测和信息解析的新理论、新方法，从分子、细胞、组织到活体等多层次获取神经信息，解析神经信息处理过程和机制，取得了以下主要创新成果：① 自主研制并迭代升级的荧光显微光学切片断层成像（fMOST）系列技术已成为国际全脑介观神经连接图谱绘制的主导技术；② fMOST整机设备作为基础科学研究成果的代表，应邀参加国家"十二五"和"十三五"科技创新成就展及"庆祝中华人民共和国成立70周年大型成就展"；③ 近年来已建成全球规模最大且技术领先的全脑介观水平连接图谱绘制平台，在美国脑计划和中国脑计划中发挥重要作用；④ 在 Nature、Nature Methods、Nature Neuroscience 等期刊发表多篇论文，曾被 Nature 以"中国启动脑成像设施"为题进行报道，称"这种以工业化的形式，大规模标准化地产生数据，将改变神经科学已有的研究方式"。

生物医学光子学创新研究群体（负责人：骆清铭）

3. 大数据存储系统与技术创新研究群体（2018 年）

大数据存储系统与技术创新研究群体的起源可追溯到 20 世纪 70 年代，基于数据存储在计算机系统中的重要地位，华中科技大学计算机专业老一辈科学家开始了磁光存储等领域的研究，取得了一系列开创性的研究成果。从 20 世纪 90 年代中期开始，张江陵教授、冯丹教授、周可教授、王芳教授在国内率先开展磁盘阵列技术的研究；谢长生教授、曹强教授、陈进才教授长期从事近场光存储、磁存储相关研究。随着人工智能技术再次兴起，以新存储介质为基础形成存储器的技术也日益受到人们的重视，特别是以闪存、相变存储器、忆阻器等为代表的新型非易失存储器日趋成熟并进入市场，使信息存储技术发生重大变革。自 2007 年起，该群体先后吸纳了在相变存储器研究方面有很深造诣的归国学者缪向水教授，以及在神经网络理论与应用、联想记忆、存算融合技术领域有深入研究的学者曾志刚、游龙，进一步完善了研究群体的骨干构成，使该群体具备了在存储器件、设备和系统方面全方位多层次的研究能力。

大数据存储系统与技术创新研究群体（负责人：冯丹）

以该群体成员为骨干，华中科技大学先后组建了"计算机外存储系统"国家专业实验室（1995 年）、"信息存储系统"教育部重点实验室（2000 年）、"数据存储系统与技术"教育部工程研究中心（2006 年），以及武汉光电国家实验室（筹）信息存储与光显示功能实验室（2006 年）等一批重要的基地，得到了国内外学术界和工业界的广泛认可。该群体2008年获批教育部"长江学者和创新团队发展计划"创新团队，并因被评估为优秀，于2015年获得滚动支持。该群体先后承担了以冯丹教授为首席科学家的973计划重大项目"下一代互联网信息存储的组织模式和核心技术研究"（2004—2009年）、"面向复杂应用环境的数据存储系统理论与技术基础研究"（2011—2015年），863计划重大项目"海量存储系统关键技术"（2009—2011年），国家自然科学基金委员会创新研究群体项目（61821003）及其他多项重点项目等。

该群体围绕适应大数据复杂性需求的新型存储体系结构与数据组织模式等关键问题，研究基于新型存储技术的大数据存储系统理论和方法。研究内容涉及信息存储器件、设备、系统等多个层面，包括克服冯·诺依曼瓶颈的新型存储器机理、融合新存储器件的大数据存储系统体系结构、高速存储控制器技术、大规模存储系统构建方法和按需适配组织方法等。该群体提出了异构融合的主动对象海量存储新体系，赋予存储自组织、自管理和自愈合的智能性，实现了系统的高效性、可靠性、安全性；基于该体系研制出基于主动对象的海量存储系统，其成果达到了国际领先水平，并与另三家国际研究机构（美国能源部阿莫斯实验室、美国桑迪亚国家实验室、日本筑波大学）共同研究的存储系统在IEEE/ACM举办的超级计算（Super Computing）大会上获得"存储挑战决赛奖"；研发出的高速相变存储功能芯片、异构多通道高速盘阵列、磁光电混合的冷数据存储设备，以及PB级主动对象存储系统、异构统一云存储系统等，先后获得了国家技术发明奖二等奖2项，省部级科技进步奖/技术发明奖一等奖8项。该群体在2022年和2023年均勇夺ISC超算存储IO500"10节点榜单"第一，并于2023年将该榜单的世界纪录提高了15倍。其研究成果在华为、浪潮、海康、腾讯等多个企业推广应用，为推动中国存储产业的发展起到了积极的作用。

4. 生命波谱与成像创新研究群体（2019年）

生命波谱与成像创新研究群体旨在以肺部重大疾病在分子细胞、活体和病人等不同层面的表现为研究对象，形成快速、无损、无放射性的定量肺部影像学研究新体系，为肺部重大疾病研究提供有力支撑；同时，结合发展的磁共振新方法与新技术，为超灵敏磁共振分子影像从基础研究向临床转化提供理论依据。自 2020 年以来，在国家自然科学基金（创新研究群体项目 21921004）的资助下，完成了以下工作：① 在病人层面，成功研制了磁共振信号增强大于 70000 倍的人体肺部 MRI 装备，获国家医疗器械注册证，成果应用于武汉金银潭医院等医疗机构，被选定为康复治疗患者的肺功能无损、定量、可视化评价设备，解决了 CT 检测存在放射性且无法探测肺部功能的难题。该成果被中央媒体专题报道，入选杰青 25 周年座谈会展出的十二项代表性成果，并作为"需求牵引，突破瓶颈"典型案例入选国家自然科学基金委员会 2020 年度工作报告；② 在动物层面，利用 ^{19}F MRI 灵敏地检测肿瘤中的硝基还原酶的变化，实现了大脑内特异类型的神经元网络的 MRI 活体检测，其主要成果获得 2020 年全国创新争先奖；③ 在细胞和分子层面，发展了一系列细胞内 ^{19}F NMR 的细胞内探测的新方法，进一步实现了在细胞内的 0.2 nm 量级的超灵敏磁共振探测。在本项目资助下，该群体在 Sci. Adv.、PNAS、JACS、Angew. Chem. Int. Ed. 等期刊发表高水平 SCI 论文 64 篇，申请国家发明专利 31 件，授权发明专利 14 件，获软件著作权 5 项。该项目的代表性成果入选国家"十三五"科技创新成就展。该群体骨干刘买利研究员于 2021 年当选为中国科学院院士，1 人获得国家杰出青年科学基金项目资助。

5. 强场超快光学创新研究群体（2020 年）

强场超快光学创新研究群体由陆培祥教授从零组建和发展而成。陆培祥教授在 2003 年加入华中科技大学后，便依托武汉光电国家研究中心前身之一激光技术国家重点实验室，从零开始组建了超快光学课题组。该课题组自组建以来，一直重视自身优势方向的发展，同时注重学生和优秀青年教师的培养。最初 10 年，研究团队筚路蓝缕，在阿秒光源产生与操控方面取得了系列重要成果，并同国际团队合作完成了脉冲能量最高的阿秒激光。最近 10 年，研究团队引育并举，逐渐发展成由陆培祥教授领衔、由 80 后优秀青年教师组成的科研团队，团队成员各有所长、优势互补，平均年龄 40 岁左右，年轻且富有创造力，他们将理论和实验逐渐融合，凝练出了具有国际特色的优势学科。团队曾获得国家自然科学基金重大项目、重大研究计划、重点仪器创新专项等，并入选教育部创新研究群体。研究团队在组建初期就以极端时间和空间尺度下的新物理和物质的操控与精密测量为目标，围绕阿秒光源的产生、阿秒时间分辨的原子分子动力学精密测量开展了系统研究。同时，还开展了纳米材料与飞秒激光相互作用的研究，为开拓飞秒、阿秒光源在微纳材料精密操控和新型超高速光电器件应用奠定基础。主要成果包括：① 提出中红外双色光、"电离门"等产生阿秒激光的新方案，这些方案被国际同行验证，并且该团队与国际小组合作产生了单脉冲能量和功率最高的阿秒激光；② 建立了阿秒光电子全息的理论框架，发展了超高时空分辨新技术，时间、空间精度可同时达到 10^{-18} s、10^{-12} m，是当时已有技术所能达到的最高水平，实验揭示了强场隧穿电离的非绝热效应；③ 发展了基于片上波导的光场调控新方法，并推动其在新型能谷光子片上器件与超快信息处理等方面的应用，研究成果在国际上取得重要影响，得到诺贝尔化学奖得主 A. Zewail，沃尔夫奖得主 P. Corkum、F. Krausz，美国院士 S. Leone 等著名科学家的较高评价，两次获得湖北省自然科学奖一等奖。

强场超快光学创新研究群体（负责人：陆培祥）

（二）培养院士 3 名

骆清铭

骆清铭，男，中国科学院院士（2019 年当选），中国医学科学院学部委员。现任海南省政协副主席，海南大学校长，海南省科协主席，教育部高校生物医学工程类专业教指委主任。曾当选国际医学与生物工程科学院（IAMBE）、美国医学与生物工程院（AIMBE）、国际光学工程学会（SPIE）、英国工程技术学会（IET）、美国光学学会（OPTICA）和中国光学学会（COS）Fellow。

1997 年 2 月，骆清铭从美国回华中理工大学（现华中科技大学）后创建生物医学光子学研究中心。2000 年 8 月起任生物医学光子学教育部重点实验室主任。2007 年 3 月至 2017 年 11 月，任武汉光电国家实验室（筹）常务副主任。2017 年 11 月至 2022 年 7 月，任武汉光电国家研究中心主任。2018 年 9 月起任海南大学校长。2019 年 11 月当选为中国科学院院士。他长期致力于生物医学光子学和生物影像学的新技术、新方法研究，率领团队发明的显微光学切片断层成像（Micro-Optical Sectioning Tomography，MOST）系列技术成为"全脑定位系统"（Brain-wide Positioning System）的重要手段，开创了脑空间信息学（Brainsmatics）学科，创建了"亚微米体素分辨率的小鼠全脑高分辨三维图谱"，并首次展示了"小鼠全脑中单个轴突的远程追踪"。他在光学分子成像、激光散斑成像及其与光学本征信号成像的结合、荧光扩散光学层析成像与微型 CT 结合的双模态小动物成像，以及近红外光学功能成像等方面也作出了创新性贡献。作为第一完成人，其研究成果曾荣获国家自然科学奖二等奖（2010 年）和国家技术发明奖二等奖（2014 年），并入选中国科学十大进展（2011 年）。他在 2000 年荣获国家杰出青年科学基金项目资助，在 2001 年获第七届中国青年科技奖、中国侨联"科技创新人才奖"；曾获霍英东教育基金会高等院校青年教师奖、湖北省突出贡献中青年专家、全国优秀教育工作者、全国优秀科技工作者、湖北省青年五四奖章、武汉市杰出科技青年创业奖等，享受国务院政府特殊津贴。

刘买利

刘买利，男，中国科学院院士（2021年当选），中国科学院精密测量科学与技术创新研究院研究员。

1996年，刘买利在英国伦敦大学Birkbeck学院获博士学位回国后，历任中国科学院武汉物理与数学研究所副研究员、研究员。曾任中国科学院武汉物理与数学研究所所长、波谱与原子分子物理国家重点实验室主任。2019年4月，任武汉光电国家研究中心副主任，分管精测院共建工作，协管发展规划、合作单位共建与驻外基地工作。2019年5月至今，任中国科学院精密测量科学与技术创新研究院研究员。2021年11月，当选为中国科学院院士。他长期从事生物核磁共振分析化学的技术、方法和应用研究，围绕生物核磁共振分析的基础性问题，建立了以W5命名的水/溶剂峰抑制方法，该方法被主要厂商作为内置标准方法提供给用户；依据"分离谱峰，不分离样品"的策略，建立了扩散-弛豫加权法，赋予核磁共振分离功能。他继承、发扬了实验室的优良传统、作风，积极推进核磁共振波谱、成像仪器的自主研制和产业化推广，积极推进生物核磁共振波谱分析学科建设、队伍建设和平台建设。他所在的实验室已经成为我国标志性的磁共振中心。其研究成果曾获2006年度湖北省自然科学奖一等奖（排名第一），2018年湖北省技术发明奖一等奖（排名第二）。在1999年获国家杰出青年科学基金项目资助，曾获全国五一劳动奖章、湖北省有突出贡献的中青年专家等，享受国务院政府特殊津贴。

余少华，男，中国工程院院士（2015年当选），信息与通信网络技术专家。1992年毕业于武汉大学空间物理与电子信息学院，获博士学位。

余少华长期从事光纤通信与网络技术研究，主持完成973计划和863计划等10余项国家项目，均实现成果转化和大量应用。他是我国电信传输网SDH（同步数字体系）与互联网（含以太网）两网融合的开拓者之一。在国际上率先发明以太网与SDH网融合传送的LAPS（链路接入规程-SDH）系

余少华

统设备和城域网MSR（多业务环）系统设备，且均实现产业化。在SDH

传输网的互联网化、利用已覆盖全球的 SDH 网解决互联网的覆盖与提速、城域分组环网传送多种业务等国际热点问题上作出了开拓性贡献。

（三）"武汉·中国光谷"首倡者

黄德修

黄德修（1937 年 10 月—2022 年 11 月），男，华中科技大学教授，"武汉·中国光谷"首倡者。曾为 863 计划光电子主题专家组成员、武汉市科技专家委员会主任、中国光学学会常务理事。1998 年首倡"武汉·中国光谷"。2007 年前，先后任华中科技大学光电子工程系主任、信息科学与工程学院院长、武汉光电国家实验室（筹）副主任。他长期从事半导体器件、固体激光器件、半导体光电子学方面的研究。曾先后获国家技术发明奖三等奖和二等奖各 1 项。获国家教育委员会（教育部的前身）科技进步奖（甲类）二等奖 1 项、教育部自然科学奖一等奖和二等奖各 1 项、湖北省自然科学奖一等奖和二等奖各 1 项、湖北省科技进步奖二等奖 1 项。其主编的《半导体光电子学》获原电子工业部优秀教材一等奖。1992 年获湖北省突出贡献中青年专家，1998 年获评人事部、教育部授予的全国教育系统劳动模范、全国模范教师，2001 年获全国总工会授予的五一劳动奖章。

（四）获批国家杰出青年科学基金项目资助 26 人

姓名	研究方向	入选年份
刘胜	微电子、光电子、LED、MEMS、汽车电子系统封装和组装、快速可靠性评估及设计、微电子机械系统的微尺度检测和计算机辅助设计、IC 及 PCB 设计、先进材料及力学等研究	1999

续表

姓名	研究方向	入选年份
刘买利	生物核磁共振分析化学的技术、方法和应用研究	1999
骆清铭	生物医学光子学和生物影像学新技术、新方法研究	2000
吴颖	量子光学和原子光学等领域的科学研究	2001
徐富强	基于病毒的神经环路结构与功能研究工具库、嗅觉系统及其与重大神经精神疾病的关系研究	2007

续表

姓名	研究方向	入选年份
柳晓军	超短强激光场中原子分子动力学及其控制、外场激发态原子光谱及动力学研究	2009
曾绍群	生物医学光子学、生物医学工程研究	2009
陆培祥	强场超快光学的实验和理论研究	2009
冯丹	计算机系统结构、大数据存储系统、非易失存储技术、存算融合技术等方面的研究	2010

续表

姓名	研究方向	入选年份
张新亮	光电子器件与集成方面的研究	2011
唐淳	发展生物磁共振技术，发展顺磁、核磁探针计算和相应算法，表征蛋白质、RNA等生物大分子的动态结构、动态相互作用的研究	2012
江涛	群体智能、多载波宽带通信、天地一体化信息网络、深海目标探测与定位等研究	2013
曾志刚	类脑智能、计算智能、无人系统集群控制、复杂系统渐近行为理论与应用研究	2013

续表

姓名	研究方向	入选年份
杨俊	生物大分子的固体核磁共振波谱学研究	2014
谢庆国	硅光电倍增器（SiPM）集成电路设计、器件/电路仿真与数学建模方面的研究	2014
张智红	发展多分子并行检测、活体靶向标记和多层次光学成像新方法研究	2016
周欣	医学影像的新仪器、新技术及活体分子成像方面的研究	2016

续表

姓名	研究方向	入选年份
唐江	量子点红外探测芯片、卤素钙钛矿X射线探测器、卤素钙钛矿发光材料与器件、硒化锑薄膜太阳能电池等方面的研究	2017
李从刚	原位生物大分子波谱分析研究	2019
周军	新型能源材料及器件研究	2020
华宇	新型存储器件、云存储系统、非易失内存系统等方面的研究	2021

续表

姓名	研究方向	入选年份
王健	多维光通信、光信号处理、光场调控（轨道角动量、矢量光、结构光）、光电子器件与集成、硅基光子学方面的研究	2021
费鹏	生物光学成像新方法的研究和新仪器的创制，并致力于以新技术解决神经生物学、肿瘤医学研究中的交叉科学难题	2022
唐明	"传输与感知一体化"智能光网络研究	2022
兰鹏飞	阿秒光物理研究	2022

续表

姓名	研究方向	入选年份
袁菁	介观三维显微光学成像研究，特别是神经光学成像中的新技术与新方法的研究	2023

（五）获批教育部"长江学者奖励计划"20人

姓名	研究方向	入选年份	类型
骆清铭	生物医学光子学和生物影像学新技术、新方法研究	1998	特聘教授
吴颖	量子光学和原子光学等领域的科学研究	2001	特聘教授

续表

姓名	研究方向	入选年份	类型
周治平	半导体器件物理、半导体器件工艺、半导体传感器、半导体激光、集成传感器、纳米技术、超快速光通信、集成光电子学、矢量衍射分析、微纳光电子器件及其集成技术等研究	2004	特聘教授
刘胜	微电子、光电子、LED、MEMS、汽车电子系统封装和组装、快速可靠性评估及设计、微电子机械系统的微尺度检测和计算机辅助设计、IC 及 PCB 设计、先进材料及力学等研究	2004	特聘教授
刘文	通信光电子器件、植物照明与光伏农业、微纳制造工艺、声表面波器件等研发与应用	2005	特聘教授
缪向水	信息存储材料及器件研究	2006	特聘教授

续表

姓名	研究方向	入选年份	类型
陆培祥	强场超快光学的实验和理论研究	2006	特聘教授
曾绍群	生物医学光学、生物医学工程研究	2007	特聘教授
冯丹	计算机系统结构、大数据存储系统、非易失存储技术、存算融合技术等方面的研究	2008	特聘教授
曾志刚	类脑智能、计算智能、无人系统集群控制、复杂系统渐近行为理论与应用的研究	2015	特聘教授

续表

姓名	研究方向	入选年份	类型
江涛	群体智能、多载波宽带通信、天地一体化信息网络、深海目标探测与定位等研究	2016	特聘教授
韩宏伟	可印刷介观钙钛矿太阳能电池等研究	2016	特聘教授
张新亮	光电子器件与集成方向的研究	2017	特聘教授
周可	计算机系统结构、云存储、并行I/O、存储安全方向的研究	2020	特岗学者

续表

姓名	研究方向	入选年份	类型
周军	新型能源材料与器件研究	2015	青年项目
王健	多维光通信、光信号处理、光场调控（轨道角动量、矢量光、结构光）、光电子器件与集成、硅基光子学方面的研究	2016	青年项目
余宇	光通信、光电子器件与集成、光信号处理方面的研究	2018	青年项目
张光祖	信息功能材料与器件方面的研究	2019	青年项目

续表

姓名	研究方向	入选年份	类型
陈林	微纳光子学、硅基光子学、奇异点光子学、超表面光子学方面的研究	2023	青年项目
袁菁	介观三维显微光学成像方面的研究，特别是神经光学成像中的新技术与新方法	2023	青年项目

二、博士后队伍建设

博士后是研究中心科研队伍的重要组成部分和创新生力军。研究中心精准发力，不断优化管理办法，明确组织管理架构，优化资助体系、强化考核激励、畅通职业发展渠道，推进博士后队伍建设，做大做强后备人才的"蓄水池"。

研究中心拥有光学工程、电子科学与技术、生物医学光子学等3个流动站，覆盖全校多个优势学科。

自2006年起，历年招收科研博士后研究人员近300人，目前在站60

余人。2019—2022年，共9人入选博新计划。近五年，研究中心获批的各类基金项目也位居全校前列，其中，获得国家自然科学基金青年项目57人；获得中国博士后基金68人次（特别资助13人次）。此外，获得湖北省博士后创新研究岗位资助29人，1人入选湖北省博士后卓越人才跟踪培养计划。研究中心在首届全国博士后创新创业大赛中斩获4项银奖（2021年）；2个团队获湖北省博士后创新创业大赛金奖（2022年），为学校获奖总数位居全国高校代表队第一作出了重要贡献。此外，10余位博士后在Science、Nature正刊和子刊等国际高水平期刊上发表多篇重要成果论文。2位博士后分别获得第八届"创青春"中国青年创新创业大赛（科技创新专项）金奖和中国电子学会自然科学奖二等奖。

研究中心创建全校首个二级单位博士后联谊会，通过凝聚博士后队伍，促进学术交流。联谊会自成立以来，定期组织博士后开展经验交流分享会和学术年会，为学术交叉创新提供源动力。举办"后会有期"系列讲座13期，旨在促进跨学科交叉领域博士后的交流与对话，激发博士后学术创新。

研究中心培养的优秀博士后强化了学校和研究中心教师队伍建设，近两年为研究中心、计算机学院、光电信息学院等校内单位输送各类人才20余名。

湖北省博士后创新创业大赛金奖2项

获湖北省博士后创新创业大赛金奖的团队

获2022年湖北省博士后创新创业大赛金奖名单如下表。

获 2022 年湖北省博士后创新创业大赛金奖名单

项目名称	赛别	团队成员	指导教师	奖项
柔性钙钛矿太阳能电池的研发和产业化	创新赛	郭锐、曾海鹏、荣耀光、范海满、尤帅、罗龙、李琳、李雄	卫平、李雄	金奖
智能光片显微镜：下一代生物医学检测仪	创业赛	赵宇轩、赵方、李东宇、费鹏、张玉慧、蒋猛、朱芹、孙叔国	费鹏、张玉慧、卫平	金奖

三、研究生培养

武汉光电国家实验室（筹）自 2012 年起，开始独立招收硕士、博士研究生。借助一流研究平台、国际化开放机制，研究中心着力打造具备国际化多学科视野、坚实光电信息及其交叉学科基础知识、富有使命感和责任感、具有国际竞争力的创新拔尖人才及国家战略科技力量的后备军。

（一）建立健全研究生教育管理制度

武汉光电国家实验室（筹）自 2012 年开始独立招收研究生后，根据研究生教育规律与特点，结合实验室实际情况，制定了《武汉光电国家实验室（筹）硕士研究生学业奖学金管理办法》《武汉光电国家实验室（筹）研究生奖励津贴发放试行办法》《武汉光电国家实验室（筹）关于研究生兼任助理工作的暂行规定》《武汉光电国家实验室（筹）研究生国际学术交流管理办法》等一系列实验室的规章制度。

2018 年，为了适应研究生教育发展的需要，建设一支高素质的研究生指导教师队伍，提高研究生的培养质量，根据校研〔2013〕3 号文件，结合研究中心的实际情况，对研究生导师的招生资格实行进退有序的动态管理，特制定《武汉国家研究中心研究生导师招生资格动态管理办法》《武汉光电国家研究中心研究生导师选聘工作实施细则》。

2019 年，根据研究中心的发展需要，研究生招生指标的分配在考虑研究中心导师基础数量基础上，加大了对研究中心的大任务、大成果及优秀人才的奖励力度，并考虑到共建单位的兼职教授及校内双聘教授的招生，特制定了《关于研究生招生指标分配的管理规定（修订稿）》。

2021 年，为了更合理地分配研究生招生指标，武汉光电国家研究中心通过问卷调查方式，收集在编教师对研究生招生指标分配原则的意见与建议，经教代会讨论，制定《武汉光电国家研究中心研究生指标分配原则》。

研究生教育管理文件汇编

（二）推进研究生培养机制改革

武汉光电国家实验室（筹）自 2012 年独立招收研究生以来，研究生人数逐年递增，到 2014 年学籍在实验室的研究生将近 1000 人，庞大的研究生队伍亟须科学的培养机制。因此，推进研究生培养机制改革，加大教育、教学改革力度，显著提高研究生的质量，是实验室关心的重要事情。

（1）推进研究生培养机制改革。从 2014 级开始，直博研究生培养期为 5 年，硕转博或硕士生毕业考博士生实行以 3 年为基础的学制，硕士研究生实行以工程硕士生和科学硕士生区别对待的培养机制。

（2）推进教育、教学改革。在广泛征求意见及建议的基础上，大力开展研究生课程建设与教学改革。2014 年实验室配合光学与电子信息学院增加和开设了 3 门研究生国际化课程。此外，大力加强专业学位研究生实习基地建设，启动和鼓励各功能实验室建设研究生教育创新示范基地，积极探索校企合作新模式，积极组织实施研究生创新教育，推进研究生科研创新意识和创新能力的培养。

（3）进一步优化培养方案。针对博士生和硕士生的不同层次，以及学术型和专业型的不同类别的培养要求，加强分类培养的系统设计。依托光学与电子信息学院、计算机学院、生命科学与技术学院组织修订符合实验室自己特色的研究生培养方案9个，其中：博士研究生培养方案4个；学术型硕士研究生培养方案3个；专业型硕士研究生培养方案2个。另外，组织各专业学位领域骨干制定专业实践教学大纲，明确专业实践的教学目标、内容、安排和管理。

（4）加强对培养过程的质量监控。加强研究生培养督导工作，对研究生课程教学进行随机抽查。实施论文盲审制度。继续实施学术报告会制度，将学术报告纳入培养环节，已成为加强研究生学术训练的重要载体。实施研究生论文开题报告评审、论文中期检查、预答辩和答辩会公开制度。

（5）健全学术不端行为的防范与惩处机制。对学术不端行为实施评奖评优、学位授予一票否决制；强化导师对研究生论文发表、论文送审的知情权、监督权与责任担当；开展专项检查，推动学位授予工作中学术道德与学术规范建设。

（6）构建学术交流平台，积极开展国际学术交流、拓宽学生国际视野，组织研究生参加国际高水平的学术会议，并对参加国际高水平学术会议的研究生进行相应的资助；选拔优秀的研究生去海外顶尖级的科研小组、学术团队进行不低于3个月的学习交流。

（7）加强和改进思政教育，研究生科学精神与人文素质不断提高。大力加强研究生思政工作体制机制建设，狠抓研究生学术道德规范与学风建设，大力推进思想政治教育进公寓，不断创新思想政治工作方式方法，拓展工作领域，切实提高研究生思想政治工作的水平，确保了整个研究生培养工作大踏步往前走。在新生中开展始业教育，加强专业思想与职业生涯教育，提升研究生理性把握人生的能力。与校心理健康教育中心联合开展心理健康教育系列活动，培养和造就研究生理性、平和的心态。建成"研究生思政工作管理系统",充分发挥网络在研究生思想政治工作中的作用。设置研究生助学岗位,切实解决研究生的实际问题,在解决实际问题中提高研究生思想政治教育的实效。强化就业指导与服务,加强对就业困难研究生的推荐与经费资助。开展毕业生离校教育、新生始业教育等主题活动,提高研究生的理想抱负。拓展了网络班级、QQ群、虚拟学生组织等管理模式,确保研究生日常管理的全覆盖。

(三)抓好入口关:优质生源是质量保障

优质生源是研究生培养的质量保障。为搭建师生互通了解平台,增强学科影响力,最大范围地吸引全国各地的优秀生源,从2014年开始,实验室每年举行优秀大学生夏令营活动,从各大高校报名学生中挑选品学兼优且具有创新创造培养潜质的学生参加夏令营。该夏令营每年吸引了来自全国多个省份985和211高校的计算机、光电、电子、物理、化学、材料、生命等专业的大三年级学生(平均每专业200余名)参加。

开展大学生夏令营活动

(四)设置多项奖励计划:鼓励学生潜心致学

2019年,研究中心设立3项"百万能力奖励计划"。其中包括:百万优质生源奖励计划,吸引全国优秀大学生来此深造;百万国光学子奖励计划,鼓励在读研究生潜心治学、追求卓越;百万国际交流奖励计划,资助博士生出国交流学习,拓展学术视野。

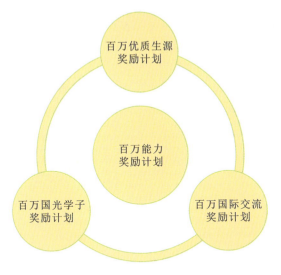

百万能力奖励计划

（五）定期组织研究生学术年会，促进交流

研究中心为增进各研究部及各专业之间的学术交流，营造追求卓越、潜心问道的学术氛围，扩展研究生学术视野，培育引领光电科技发展的国家战略科技力量的后备军，发挥国家级科研平台和特色交叉学科专业优势，自2016年开始，每年定期组织研究生学术年会。研究生学术年会由三个环节组成，分别是海报展示、口头报告和闭幕式暨颁奖仪式。

组织研究生学术年会

（六）严格学位论文审查，把好学位论文出口关

严格学位论文审查制度，会前进行学位论文审查并整理意见，会后复审超六年或者外审评级为 2B 的博士学位论文。否决学位论文成常态，防微杜渐，降低可能风险，给出详细纸质修改意见，指导学生修改论文。约谈导师，压实导师责任制。

学位论文盲审情况

硕/博	年级	人数	一次通过人数	优良率
博士	2022 级	106	102	96.23%
	2021 级	139	130	93.53%
	2020 级	130	121	93.08%
	2019 级	119	113	94.96%
硕士	2022 级	180	172	95.56%
	2021 级	178	173	97.19%
	2020 级	181	168	92.82%
	2019 级	165	154	93.33%

（七）研究生培养成效显著，硕果累累

研究中心每年培养近 600 名研究生，强化科研育人、实践育人和资助育人，开展创新创业人才的群体培养模式探索，成效显著。从 2003 年武汉光电国家实验室（筹）建立以来，共有 2 名毕业博士生获全国优秀博士学位论文奖，10 名毕业博士生获全国优秀博士学位论文提名奖，45 名毕业博士生获湖北省优秀博士学位论文奖，37 名毕业硕士生获湖北省优秀硕士学位论文奖。连续 5 年（2017—2021 年）共计有 5 名研究生获王大珩光学奖学生奖，14 名毕业博士生分别获得中国光学学会、中国生物医学工程学会和中国电子学会优秀博士学位论文奖。

研究中心致力于培养研究生"追求卓越"的国光精神，鼓励学生乐于学习、勇于实践，在创新创业实践中不断提升自己。研究生是研究中心的科研主力军，截至 2023 年 9 月，研究生以第一作者发表 SCI 论文 13262

篇，其中15名研究生以第一作者在 Science 和 Nature 正刊发表论文，另外，在 Science 和 Nature 子刊发表论文161篇。

研究中心强化科创育人、实践育人，深化价值塑造、能力培养、知识传授"三位一体"的双创教育模式，探索创新创业人才的群体培养机制，成效卓著。学生在全国"互联网+""创青春""挑战杯"三大赛项中荣获金奖14项。

研究中心始终以培养社会主义事业的合格建设者和可靠接班人为目标，倡导学生德才兼备，承担社会责任，勇于迎接挑战，敢为人先，成就第一等的事业，并坚持以"专业化、精细化、信息化、国际化"的思路系统开展工作，拓宽学生就业渠道，为研究生高质量就业搭建平台。研究中心已毕业的研究生总计2300余人，就业率超过97%。其中5名毕业博士生成功入选华为"天才少年"，分别为：左鹏飞（导师华宇）、李鹏飞（导师华宇）、张霁（导师周可）、姚婷（导师万继光）、杨豪迈（导师万继光）。基于人才培养方面的突出成绩，2018年，张新亮教授牵头的"融合产业学科优势，基于'一课三化'举措，推进光电专业创新人才的群体培养"项目获国家级教学成果奖一等奖；2022年，冯丹教授牵头的"聚焦计算机系统创新能力的'一基两翼全链'研究生培养模式探索与实践"项目获国家级教学成果奖二等奖，唐明教授牵头的"'三位一体'培养光电学科高层次人才，支撑战略高技术产业发展"项目获国家级教学成果奖二等奖。

"互联网+"大学生创新创业大赛获得金奖和"创青春"中国青年创新创业大赛获得金奖

难能可贵的是，近50%的研究生毕业选择留在武汉地区光电子信息领域相关单位工作，为光谷地区光电子企业的可持续发展提供了有力的智力支撑。华为技术有限公司武汉研究所有近1/3的研究人员毕业于华中科技大学，尤其是光电子器件研究方向。此外，研究中心培养的研究生是海思光电子有限公司的骨干研究力量。

四、本科生教育（工程科学学院）

2010年，国家外国专家局和教育部共同实施"高校国际化示范学院推进计划"，旨在用5年左右时间在全国高校建立10个左右的国际化示范学院，以系统引智的方式，引入国际通行的高等教育运行模式，通过国际标准教学环境建设，逐步实现教学、管理与国际接轨，理念、规则、文化与国际相通，建成既符合国际惯例，又具有中国特色的高等教育改革样板，推进高等教育内涵式发展。华中科技大学国际化示范学院（工程科学学院）依托武汉光电国家研究中心建设，成为全国首批四所获准建设的国际化示范学院之一。学院围绕"类脑智能与医学工程"工医理交叉一流学科群建设目标，探索具有国际竞争力的新工科人才培养模式，打造工医理交叉国际化教学试验区。

学院精心选聘海外高端人才。由外籍院长、欧洲科学院院士Jürgen Kurths教授牵头组建了专家管理团队，负责学院的教学科研和国际化合作，并采用与国际一流大学接轨的课程体系，从英国伦敦大学等名校引进18名海外教授，联合研究中心优秀师资组建了18个研究型国际化课程团队，坚持科教结合、协同育人模式，落实立德树人根本任务，初步建立了具有国际竞争力的创新人才培养模式。

在国际化教学模式管理下，学院学生个性化培养初现成效，一批批优秀学子脱颖而出，在国家级以上竞赛中屡创佳绩，涵盖全国大学生英语竞赛特等奖、IET全球英语演讲大赛中国赛区一等奖、"创青春"全国大学生创业大赛金奖、"互联网＋"大学生创新创业大赛金奖、RoboCup中国公开赛一等奖、大学生电子设计竞赛一等奖、美国数学建模比赛二等奖等。

2018年，学院首届毕业班29位同学中的20位同学通过申请进入排名前100的世界名校深造，涵盖加州大学洛杉矶分校、哥伦比亚大学、约翰·霍普金斯大学、杜克大学、卡内基梅隆大学、东京大学等。

工程科学学院首届（2018届）毕业生与欧洲科学院院士、
德国洪堡大学 Jürgen Kurths 教授留影

2018年至2021年，学院毕业生综合深造率已经超过80%。学院形成的工医理多学科交叉融合、具有一定特色的工程科学国际化人才培养模式被列入华中科技大学"本科教学50条"，并被《中国教育报》、新浪网等报道。

2021年，在总结国际化示范学院工医理多学科交叉创新国际化人才培养的成功经验上，华中科技大学未来技术学院依托工程科学学院成功申报，成为教育部首批12所未来技术学院之一，并继续深入开展未来科技领军人才培养工作。

争取多方资源　构筑先进研究平台

科研平台是研究人员开展前沿科学研究和技术创新的基本条件。研究中心长期高度重视科研平台的建设，积极争取多方资源，筹措资金，打造国际一流的先进研究平台。

● 省部共建平台——高端生物医学成像重大科技基础设施 ●

华中科技大学高端生物医学成像重大科技基础设施（简称"生物医学成像设施"）是由湖北省与教育部共建的开放性、公益性研究设施，由华中科技大学与中国科学院精密测量科学与技术创新研究院（以下简称精测院）共建，也是武汉光电国家研究中心重点规划建设的三大公共研究支撑平台之一。生物医学成像设施重点建设光电融合超快生物分子成像装置、先进显微光学成像装置、超灵敏磁共振成像装置、变结构全数字PET成像装置等四大装置，以及图像融合与处理中心。该项目将建成国际先进、综合集成、开放共享的生物医学成像设施，为我国生物医学基础研究、高端生命科学仪器与医学影像装备的研制与应用提供先进的科研环境和实验条件。项目投资总额9.2863亿元（不含大楼建设投资1.75亿元），其中湖北省政府、武汉市政府及东湖新技术开发区政府共同投资5.5亿元，华中科技大学自筹3.7863亿元。建设地点为湖北省武汉市东湖新技术开发区华中科技大学国际医学中心，新建设施大楼建筑面积29956平方米。

生物医学成像设施项目主要建设内容

  武汉光电国家实验室（筹）于"十二五"期间调研、参与国家重大科技基础设施建设并制定中长期规划。2016年7月，实验室参与申报生物医学成像"十三五"重大科技基础设施项目并成功立项；2016年11月，在湖北省政府、武汉市政府、华中科技大学和精测院的鼎力支持下，成立项目建设工作领导小组，并设立工作专班，启动项目建设；2016年12月，设施大楼可研报告获教育部批复；2017年4月，大楼奠基暨设施项目用户需求大会成功召开；2017年8月，湖北省省长王晓东与教育部部长陈宝生函商确定省部共建方案；2018年7月，国家发改委批复指导性意见；2020年5月，湖北省人民政府办公厅发布关于印发《加快推进科技创新促进经济稳定增长若干措施》的通知，明确提出启动实施生物医学成像设施省部共建，并纳入科技工作重点安排；2020年7月，生物医学成像设施项目建议书提交；2020年11月，生物医学成像设施项目建议书通过专家组评审；2021年5月，湖北省发改委批复生物医学成像设施项目建议书（鄂发改审批服务〔2021〕115号），明确华中科技大学为生物医学成像设施项目的法人单位，中国科学院精密测量科学与技术创新研究院为该项目的共建单位；2021年7月，生物医学成像设施项目可研报告通过中咨公司组织的专家组评估；2021年11月，湖北省发改委对生物医学成像设施项目可研报告予以批复（鄂发改审批服务〔2021〕278号）。

2020年11月，高端生物医学成像设施项目建议书通过评估

2021年7月12—13日，高端生物医学成像设施项目可行性研究报告评估会议召开

2022年，生物医学成像设施全面启动建设。5月，华中科技大学发文成立生物医学成像设施项目建设管理机构，尤政校长担任该项目建设领导小组组长，实行项目建设领导小组领导、项目建设指挥部协调的项目总经理负责制。同时，成立科技委员会和用户委员会，主任分别由叶朝辉院士和宋保亮院士担任。在此架构上，项目经理部工作班子下设项目办公室、工程技术部和科学研究部，明确各自岗位、人员及职责，建立协作机制。

6月，生物医学成像设施大楼主体工程完成。7月，项目建设指挥部召开会议，明确生物医学成像设施项目经理部为生物医学成像设施大楼的使用主体，建议参照校内其他基础设施对大楼进行管理。8月，湖北省政府、武汉市政府、东湖新技术开发区政府向生物医学成像设施下达的首批建设经费2.1亿元到达华中科技大学账户，开始全面启动装置建设。9月，项目经理部正式进驻生物医学成像设施大楼，着手生物医学成像设施大楼的全面验收与后期建设规划工作。

生物医学成像设施大楼主体工程（除净化区域外）质量与消防验收

2023年1月，生物医学成像设施项目的初步设计及概算经专家论证后通过，4月逐级报送至湖北省发改委审批。本着建设内容不能重复批复的原则，湖北省发改委于6月下旬反馈指导性意见，要求修改可研报告与初步设计及概算报告，剔除大楼主体建设内容及投资后，再重新报批。8月21日，可研报告修改版获湖北省发改委批复。9月28日，湖北省发改委正式批复初步设计及概算报告（鄂发改审批服务〔2023〕275号）。

截至2023年9月，生物医学成像设施的设备研制全面展开，在核心装置研制方面已取得重要进展。在湖北省发改委委托第三方机构组织的生物医学成像设施2022年度评估会上，该机构对设备研制所取得的重大进展给予充分肯定。继前期获批3项三类、1项二类医疗器械许可证之后，2023年，研究中心再增5项三类、1项二类医疗器械许可证，并牵头编制行业标准及团体标准各1项。

生物医学成像设施初步设计及概算专家评审会

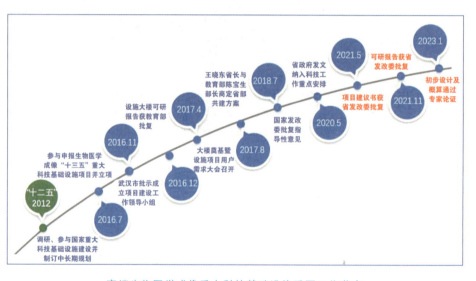

高端生物医学成像重大科技基础设施重要工作节点

校级公共服务平台——微纳工艺与表征平台

在华中科技大学支持研究中心建设的"985工程"一期和"985工程"二期项目经费、研究中心运行费、湖北省和武汉市相关经费的支持下,研究中心打造了微纳工艺与表征平台(简称"平台")。

微纳工艺与表征平台始建于 2005 年 9 月。该平台拥有总使用面积约 2300 平方米的超净实验室和近百台（套）工艺平台代表性设备，现有设备总资产近 1.5 亿元，是先进的开展微纳结构光电器件研究的平台。

平台建有完善的动力、净化空调及气体保障系统，拥有电子束曝光系统（EBL）、紫外光刻机、纳米压印机、金属有机化学气相淀积系统（MOCVD）、刻蚀机（ICP）、低压化学气相沉积（LPCVD）、等离子体增强化学气相沉积（PECVD）、分子束外延生长系统（MBE）、电子束蒸发镀膜机、磁控溅射镀膜机、离子束溅射机等多台大型工艺设备；另有高分辨率 XRD、椭偏仪、原子力显微镜（AFM）、台阶仪、微区 Raman/PL、FIB/SEM 双束电镜、高分辨 SEM、透射电镜等测试设备，可开展光电子器件、半导体器件制作、中试及检测工作。

微纳工艺与表征平台是一个公共服务平台，向全国的社会机构、大学和企业开放，并提供项目合作、人员培训、开发设计和微纳加工等服务。

光刻工艺间

测试区

操作等离子体蚀刻机

开展电子束曝光实验

技术培训

1. 2023 年湖北省技术创新专项（重大项目）"微纳工艺与表征平台建设"通过验收

2023 年 6 月 14 日，湖北省科技厅在武汉召开了由张新亮教授牵头的湖北省技术创新专项（重大项目）"微纳工艺与表征平台建设"项目验收会，组织了有关专家对该项目进行评审，并顺利通过验收。

"微纳工艺与表征平台建设"项目验收会与会人员合影

2. 进一步投入建设校级先进微纳加工平台

2023年,《华中科技大学公共科研条件平台建设管理办法》发布,华中科技大学成立公共科研条件平台建设管理委员会,统筹全校校级公共科研条件平台建设。研究中心抢抓教育部贴息贷款购置设备机遇,加强微纳工艺与表征平台建设,设备陆续到货,该平台将服务学校各个学科微纳芯片和器件工艺加工需求。

研究中心公共平台

一、极端激光-物质交互平台

极端激光-物质交互平台的建设为武汉光电国家研究中心在激光科学与技术、能源光子学研究方面提供了重要的技术支撑和能力保障。该平台的建设立足于研究中心在超强、超快激光方面已有的良好基础,聚集海内外优秀人才队伍,集中资源重点建设能量光电子相关研究平台,包含高光纤激光研究平台、高功率智能激光复合焊接/增材制造平台、激光先进制造研究平台、激光极端制造微纳平台、全光全谱智能激光探测平台,以及阿秒激光与超高时空分辨测量平台。现有主要大型仪器设备包括半导体器件参数分析仪微纳力学测试平台、钨灯丝型扫描电子显微镜、微纳直写光刻系统、三维位移台、灯泵高能量纳秒激光器、飞秒激光器、激光共聚焦显微镜、超高分辨率光栅单色仪等。

此外，在已有超快激光平台基础上，进一步购置波段从X射线、紫外至红外，单脉冲能量从焦耳级至纳焦级，脉冲宽度从几飞秒至500飞秒的超快激光器，建成宽波段、多功能的超快激光器集群工作站，为超强、超快激光粒子加速，激光诱导核废料嬗变，高亮度阿秒激光与物质相互作用等系列国际前沿科学研究提供完善而有力的硬件平台支撑。

同时，围绕航空航天、船舶制造、新能源汽车、石油化工等领域的重大需求——大型金属结构件的高质量、高精度、高效率三维制造，开展研究工作，为开发激光-电弧复合焊接、增材制造新工艺、研制关键功能部件和配套自适应工艺匹配算法提供支撑。主要设备包括12千瓦高功率光纤激光器、六轴机器人、高精度焊缝跟踪系统、自研高功率扫描激光复合加工头、多功能数字电弧焊接电源、感应加热热源、同步振动平台等。高功率光纤激光器及机器人、激光加工机床，可以实现激光切割、激光焊接、激光-电弧复合焊接、激光表面工程技术研发等。此外，还有基于自动送粉技术的金属零部件激光3D打印技术研发设备，以及基于自动铺粉技术的金属零部件选区激光熔化3D打印技术研发设备等。先后建成高功率光纤激光表面工程平台、激光增材制造平台、激光微纳加工平台等。实验室依托6千瓦级和2万瓦级高功率光纤激光表面工程平台，面向国家重大需求，开展了电磁能装置、铁路钢轨、大型轧辊等激光强化和激光表面强化理论基础和工程应用研究。光纤激光技术团队已建设完成国内最先进的"特种光纤研究平台"，可开展各类特种光纤的设计、制备及应用研究。

二、生物光学成像平台

生物光学成像平台始建于2012年11月，于2013年4月建成并投入使用，使用面积约650平方米。现有大型光学显微成像设备30余台（套），设备总值超过5000万元。该平台包括创新研发功能区（R1）、显微光学成像平台（R2）、显微光学切片断层（MOST）成像平台（R3）、样品准备区等功能区域，已购置 Zeiss LSM780 NLO 双飞秒双光子显微镜、LSM710 倒置共聚焦显微镜、Ni-E 全自动正置显微镜、Nikon A1SiMP 高速正置双光子显微镜、FV1200 电生理双光子显微镜、UltraView VoX 激光转盘共聚焦显微镜、Cellvizio R488 荧光共聚焦内窥镜等大型光学显微成像设备，以及 9 套 MOST 系统。可开展分子、细胞、组织到活体层次的光学成像，以满足对内和对外服务的需求。

为了便于管理和使用，该平台规划考虑了集中管理和监控，以及生物样品准备、洁净度高等特殊需求。为充分提高空间利用率，该平台共隔离成 26 个仪器间和一个样本准备间。该平台所使用的大型仪器均为精密设备，系统较为复杂，对空气洁净度（要求百级、千级和万级洁净度）、温度（室温、制冷等条件）、湿度、噪声、振动、气味等均要求严格，同时需要兼顾水电气网、监控门禁、设备电源智能控制等设施。该平台还涉及分子生物学、细胞生物学、行为学等生物实验，以及光学性能测试、光声系统改进等。

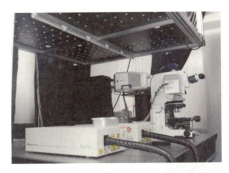

Zeiss LSM780 NLO 双飞秒双光子显微镜

Nikon A1SiMP 高速正置双光子显微镜

打造重点学科 交叉融合成绩斐然

学科建设是高等学校重之又重的工作。依托华中科技大学建设的武汉光电国家研究中心一直高度重视学科建设，以学科建设为龙头，大力加强能力建设，推动光学工程、生物医学工程、计算机科学与技术等学科保持在 A$^+$ 或 A 类学科水平。

2017 年，按照教育部的要求，华中科技大学光电信息学院联合研究中心对光电工程、电子科学与技术两个学科开展国际评估，因而成立了光学工程/电子科学与技术学科国际评估评审团，评审团成员由境外著名专家学者组成。

Prof. Ping-kong Alexander Wai
Hong Kong Polytechnic University
Area: Optical fiber communication

Prof. Leon O. Chua
University of California, Berkeley
Area: Microelectronics

Prof. SilvanoDonati
University of Pavia
Area: Optics and Photonics

Prof. Simon Deleonibus
University Grenoble Alpes
Area: Micro and Nano-electronics

Prof. Nam-Gyu Park
Sungkyunkwan University
Area: Solar cell

Prof. Yong Feng Lu
University of Nebraska-Lincoln
Area: Laser Technologies

Prof. Lei He
University of California, Los Angeles
Area: Circuits & Embedded Systems

部分评审团成员

经国际评估评审团评估后表示：光学工程、电子科学与技术两个学科的教师队伍有活力，学科特色鲜明，教学和实践教学体系完备，科研成果显著，研究经费比较充足，学生培养层次丰富，学生动手能力强，在整体上具有国际竞争力。同时，专家也指出了学科的不足之处，即国际化程度、参与国际交流活跃程度不足。

研究中心以学科建设为龙头，大力加强能力建设。2017年，在第四轮学科评估中，光学工程、生物医学工程被评为 A^+，计算机科学与技术被评为 A。2022年，光学工程、计算机科学与技术双双入选国家"双一流"建设学科名单。

研究中心第三轮、第四轮学科评估情况

支撑学科名称	第三轮学科评估	第四轮学科评估
光学工程	并列第 1	A^+
生物医学工程	并列第 3	A^+
计算机科学与技术	并列第 10	A
电子科学与技术	并列第 11（22%）	B^+（10%～20%）

2017年研究中心各学科论文贡献度情况如下表。

2017年研究中心各学科论文贡献度情况

ESI学科名称	论文贡献度	校内排名	被引贡献度
物理学	35.77%	1	39.29%
化学	13.54%	2	20.21%
材料科学	16.45%	3	23.65%
计算机科学	8.87%	6	4.4%
工程学	7.29%	8	5.24%
临床医学	1.54%	6	1.53%
神经科学与行为	6.4%	5	5.13%
生物学与生物化学	5.4%	9	2.8%

研究中心除了支撑以上学科建设之外，还支撑了空间科学、综合交叉学科、地球科学、植物学与动物学等学科建设。

2020年研究中心各学科论文贡献度情况如下表。

2020年研究中心各学科论文贡献度

ESI学科名称	论文贡献度	校内排名	被引贡献度
物理学	36.65％	1	41.104％
材料科学	20.40％	1	29.52％
综合交叉学科	8.24％	1	39.32％
空间科学	2.35％	2	1.44％
化学	14.39％	3	19.30％

紧盯学科前沿　原始创新勇攀高峰

人类正面临信息容量爆炸、能源危机、环境污染、重大疾病等领域的共同挑战，光电科学与技术是解决这些挑战的"钥匙"。超快激光与物质相互作用、高效光场调控、高效光电转换材料与器件、类脑神经形态硬件、微器件光学及其相关现象、生物功能的飞秒激光光学成像机理等是国际学科前沿方向，是全世界光电领域研究者共同关心的基础性问题。研究中心针对学科前沿问题，注重加强原创性、引领性科技攻关，经过20余年的研究条件建设和科研能力建设，取得了一系列重要原创性研究成果。

一、高水平研究论文持续突破

在超快激光与物质相互作用研究方面，高能量的阿秒激光始终是国际前沿研究热点，2023年诺贝尔物理学奖颁给了来自美国、德国、瑞典三位阿秒脉冲科学家，以表彰他们在"产生阿秒光脉冲以研究物质中电子动力学的实验方法"方面所作出的贡献。陆培祥教授是2004年第一批进入武汉光电国家实验室（筹）的教授之一，曾担任激光科学与技术研究部主任。2010年，陆培祥团队就提出双色光阿秒调控方案，在国际上首次理论突破百阿秒壁垒，并与日本研究小组合作产生1.3微焦阿秒激光，单脉冲能量保持世界第一。近年来，团队在实验中获得260阿秒激光输出，实现阿秒时域双缝干涉精密测量，建立光电离和阿秒光电子全息理论，并实现了阿秒光电子全息，精度达10阿秒；在实验中发现隧穿电离的非绝热效应，利用量子轨迹系综模型，揭示了电子潮汐所构成的动态核极化在高次谐波产生过程中的作用，并指出了电子潮汐效应在高次谐波光谱中的特征信号。通过对电子潮汐的控制，还有望实现在飞秒甚至阿秒时间尺度内控制晶体的光学及电子学特性。该团队系列理论和实验研究结果的学术论文在 *Physical Review Letters* 上发表，数量超过 20 篇。

韩宏伟教授团队所开发的全印刷介观太阳能电池适应了光伏产业对廉价太阳能电池的需求。14 年来，韩宏伟教授团队突破了无空穴传输材料型介观钙钛矿太阳能电池关键技术，研制出拥有全球至今最高稳定性的器件，在国际上被命名为"武汉电池"和"韩电池"。针对钙钛矿太阳能电池商业化的关键问题及所面临的挑战，韩宏伟教授及其团队对目前钙钛矿太阳能电池所获得的最新进展进行了总结，并从钙钛矿太阳能电池寿命评价标准、性能衰减机理、器件尺寸放大、环境影响等方面对其未来的发展及商业化进行了展望，相关内容于 2018 年以 "Challenges for commercializing perovskite solar cells" 为题发表于 *Science*。湖北万度光能有限责任公司建设的 110 平方米可印刷钙钛矿太阳能电池示范系统，充分展示出该项技术良好的应用前景。

韩宏伟教授及其团队的研究于 2018 年发表于 *Science*

无空穴传输材料型钙钛矿太阳电池

夏宝玉教授于 2016 年加入华中科技大学，其团队研究集中在结构功能一体化新材料制备及其在能量转换与存储等领域，将基础研究与工程应用结合，开展了一系列富有成效的研究工作。其团队重点探究新材料在新能源技术中的服役和失效问题，通过探究腐蚀现象和规律，利用腐蚀科学与技术创新去开发新型、稳定的材料与器件，达到使电池长寿命服役的目的，实现了传统腐蚀学科与新能源领域的深度交叉融合。夏宝玉教授团队以高活性、长寿命、低成本电极材料为导向，在新材料设计与制备方面取得了突破性进展，明确了相关电极材料构效关系和性质改善机理，提出了电极材料在能量转换和存储器件中服役与失效机制，有望对燃料电池行业的发展起到

夏宝玉教授及其团队的研究成果于 2019 年发表于 *Science*

重要推动作用。夏宝玉教授团队在高效长寿命铂合金催化剂方面取得了最新研究进展，他们采用（电）化学腐蚀方法对铂基催化剂的近表面结构和组分进行调控，从而大幅提升高效铂镍合金催化剂在实际燃料电池器件中的服役水平和寿命，有望成为发展燃料电池行之有效的关键手段。该团队相关成果于 2019 年以 "Engineering bunched Pt-Ni alloy nanocages for efficient oxygen reduction in practical fuel cells" 为题发表于 *Science* 等国际期刊。

周军教授 2009 年从美国学成归国后，以教授身份受聘于华中科技大学武汉光电国家实验室（筹），主要从事新能源材料及器件研究工作，取得多项创新研究成果。该团队提出利用热敏性晶体材料诱导可持续离子浓度梯度的科学思想，实现了塞贝克系数和有效热导率的协同优化，获得了目前热化学电池领域最高相对卡诺循环效率 11.1%，实现了热化学电池相对卡诺循环效率的大幅度提升。另外，该团队还开发出热化学电池模组原型，在 50℃ 温差条件下驱动了多种商业化电子器件，并实现为智能手机充电，证实水系热化学电池具有广阔的应用前景，相关研究成果于 2020 年以 "Thermosensitive-crystallization boosted liquid thermocells for low-grade heat harvesting" 为题发表于 *Science*。

研究中心陶光明教授团队与浙江大学马耀光教授团队等多家科研和产业单位进行交叉学科联合创新，基于辐射制冷原理和结构分级设计理念，研发

了具有形态分级结构的超材料织物，在户外曝晒环境下可为人体表面降温近5℃。研究成果于2021年7月8日以"Hierarchical-morphology metafabric for scalable passive daytime radiative cooling"为题在线发表于 Science。

周军教授及其团队的研究成果
于 2020 年发表于 Science

陶光明教授及其团队的研究成果
于 2021 年发表于 Science

缪向水、叶镭教授及其团队的研究成果
于 2021 年发表于 Science

实现类脑智能是人类长期以来一直追求的梦想，类脑神经形态硬件是类脑智能的基石和引领者。长期从事相变存储器芯片、存算一体忆阻器技术研究的缪向水、叶镭教授团队，突破了信息传感、存储和计算之间信息交换时存在的性能瓶颈，创新性地提出了一种同质的晶体管-存储器架构和新型类脑神经形态硬件，成为未来颠覆性传感、存储、计算一体化的类脑智能和革命性非冯·诺依曼计算体系的一缕曙光，相关研究成果于2021年以"2D materials-based homogeneous transistor-memory architecture for neuromorphic hardware"为题发表于 Science。

2017年,李雄教授从瑞士洛桑联邦理工学院(EPFL)回国后,在基于染料和钙钛矿材料的光伏器件研究方面积累了丰富的知识和经验。针对新型太阳能电池产业化进程中所面临的光电转化效率、稳定性和制备成本等三个重要技术问题,李雄教授从分子设计、材料合成、界面修饰、器件优化、机理分析等角度对钙钛矿太阳能电池进行了全面深入的探索。其团队系统研究了钙钛矿太阳能电池中光活性层、空穴传输层及器件关键表界面的物化性质及退化机制,并采用多功能分子精准设计策略,有效增强了上述核心功能层及界面的电学性能和稳定性,显著提升了钙钛矿电池的光电转化效率和工作寿命,为该类新型光伏技术突破产业化瓶颈提供了卓有成效的解决方案。相关成果于2023年以"Radical polymeric p-doping and grain modulation for stable, efficient perovskite solar modules"为题发表于 *Science*。

李雄教授及其团队的研究成果于 2023 年发表于 *Science*

研究中心陈炜教授联合华东理工大学吴永真教授和朱为宏教授、德国波茨坦大学 Martin Stolterfoht 教授、吉林大学张立军教授等人研发了一种具有亲水性氰基乙烯基膦酸(CPA)锚定基团和疏水性芳基胺基空穴提取基团(MPA-CPA)的两亲性分子空穴转运体,通过润湿和钝化增强钙钛矿沉积,从而最大限度地减少了埋藏的界面缺陷。实验结果显示,所得钙钛矿薄膜的 PLQY 为 17%,Shockley-Read-Hall 寿命接近 7 微秒,并在 1.21 伏的 VOC 和 84.7% 的 FF

陈炜教授等人研究成果于 2023 年发表于 *Science*

下实现了 25.4% 的认证功率转换效率（PCE）。此外，1 平方厘米和 10 平方厘米微型模块的 PCE 分别为 23.4% 和 22.0%。更加重要的是，封装模块在操作和湿热测试条件下均表现出高稳定性。相关研究成果于 2023 年以 "Minimizing buried interfacial defects for efficient inverted perovskite solar cells" 为题发表于 *Science*。

唐江教授及其团队的研究成果
先后发表在 *Nature*（2018）等期刊上

首批国家高层次青年人才计划入选者唐江教授，2012 年回国加盟武汉光电国家实验室（筹），其团队主要围绕光电材料和器件开展工作，重点研究 Sb 基（Sb_2Se_3 和 $CuSbSe_2$）薄膜太阳能电池、钙钛矿电致发光器件、单晶 X 射线探测器、量子点红外探测器等。其中，Sb 基薄膜太阳能电池研究为世界领先水平。唐江教授开辟了硒化锑薄膜太阳能电池研究新方向，独辟蹊径地开发出快速热蒸发工艺，制备出光电转换效率达 5.6% 的电池器件；同时，在发光材料研究方面，团队研究的单基质暖白光全无机钙钛矿荧光粉，打破荧光粉近百年研究瓶颈，制备出国内首款 PbS 量子点短波红外成像芯片。研究成果先后发表于 *Nature*（2018）、*Nature Photonics*、*Nature Energy* 和 *Nature Electronics* 等期刊。唐江教授团队以 "Efficient and stable emission of warm-white light from lead-free halide double perovskites" 为题发表于 *Nature* 的关于高效稳定非铅卤化物双钙钛矿暖白光的研究进展，不仅揭示了钙钛矿中强的光子与声子的耦合作用引发的高效自限域态的激子发光现象，而且其研究的非铅双钙钛矿避免了传统材料光谱不稳定和自吸收等问题，在照明领域有着独特优势和一定的应用前景。

2021 年，李培宁、张新亮教授团队突破性证明了传统的双折射晶体中存在"幽灵"双曲极化激元电磁波，该成果革新了极化激元基础物理的"教科书"定义，对凝聚态物理、光物理、电磁学等领域的基础原创研究具有重要指导意义。极化激元光学是当今凝聚态物理、光物理、材料科学等多学科交叉的前沿科学领域，也是我国的传统优势研究方向之一。李培宁和张新亮团队的研究成果突破了极化激元模式分类的固有认识，证明了在各向异性的方解石晶体中存在第三种极化激元模式——"幽灵"双曲极化激元（Ghost Hyperbolic Polaritons）。李培宁和张新亮团队发现的"幽灵"极化激元是光场压缩能力更强的一种特殊的亚波长"幽灵"电磁波。他们发现教科书中的经典双折射材料——方解石晶体就存在"幽灵"极化激元。这种新型的极化激元具有面内双曲型色散关系，表现出强的各向异性传输特性。此项研究工作也有力证明了储量丰富、可大规模制备的极性晶体在微纳光学领域具有极大的应用潜力，在红外光谱传感、亚波长信息传递、超分辨聚焦成像、纳米尺度辐射调控等诸多方面都有着重要的应用前景，相关研究成果于 2021 年以 "Ghost hyperbolic surface polaritons in bulk anisotropic crystals" 为题发表于 *Nature*。

李培宁、张新亮教授及其团队的研究成果于 2021 年发表于 *Nature*

截至 2023 年 11 月，研究中心共发表在 *Nature*、*Science* 上的正刊论文达 22 篇。

二、多项成果入选中国光学十大进展

中国光学十大进展推选活动由中国激光杂志社发起，旨在介绍国内科研人员在知名学术期刊上发表的与光学相关的具有重要学术、应用价值的论文，促进光学成果的传播。由于成果本身突出的学术水平，以及评审专家的严格、公正，这一奖项已经在学术界被广泛认可。

（一）一项成果入选 2019 年度中国光学十大进展

研究中心唐江教授团队研究成果"高效稳定非铅卤化物双钙钛矿暖白光"入选 2019 年度中国光学十大进展（基础研究类）。唐江教授团队与美国托莱多大学的鄢炎发教授合作论文于 2018 年 11 月 8 日以 "Efficient and stable emission of warm-white light from lead-free halide double perovskites" 为题发表于 *Nature*。

（二）三项成果入选 2021 年度中国光学十大进展

经过评审委员会多轮遴选，研究中心骆清铭院士团队通过发明线照明调制显微术实现了高清成像；张新亮、李培宁教授团队在双折射晶体中发现"幽灵"双曲极化激元；陶光明教授团队基于形态学分级结构设计了辐射降温光学超材料织物，此三项研究成果入选 2021 年度中国光学十大进展，详情如下。

骆清铭院士团队提出的线照明调制光学层析成像显微术在快速高分辨率光学成像时能显著提高背景抑制能力。在此基础上发展的高清荧光显微光学切片断层成像不仅极大提升了全脑光学成像的数据质量，而且对该领域面临的大数据难题开辟了全新的解决途径，在数据存储、传输、处理和分析等方面效率显著提升，有望在标准化、规模化的脑科学研究中发挥巨大作用，为绘制单细胞分辨的介观脑图谱贡献一份力量。相关研究成果以 "High-definition imaging using line-illumination modulation microscopy" 为题发表于 *Nature Methods*。

研究中心张新亮、李培宁教授团队，同新加坡国立大学仇成伟教授、国家纳米科学中心戴庆研究员、美国纽约州立大学 Andrea Alu 教授共同合作，从理论上提出并实验证明了传统的双折射晶体中存在一种处于中红外波段的"面-体"复合型双曲极化激元电磁波，该原创性成果拓展了极化激元基础物理学定义，对凝聚态物理、光物理、电磁学等领域的基础原创研究具有重要指导意义。相关研究成果于 2021 年 8 月 18 日以 "Ghost hyperbolic surface polaritons in bulk anisotropic crystals" 为题在线发表于 *Nature*。

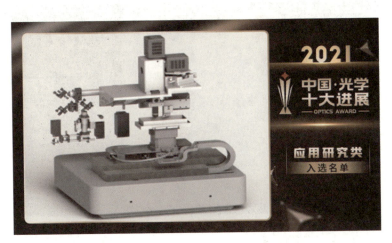

骆清铭院士团队通过发明线照明调制显微术实现了高清成像

张新亮、李培宁教授团队在双折射晶体中发现"幽灵"双曲极化激元

研究中心陶光明教授团队与浙江大学马耀光教授团队等多家科研和产业单位进行交叉学科联合创新,基于辐射制冷原理和结构分级设计理念,研发了具有形态分级结构的光学超材料织物,在户外曝晒环境可为人体表面降温近5℃。相关研究成果于2021年7月8日以"Hierarchical-morphology metafabric for scalable passive daytime radiative cooling"为题在线发表于 *Science*。

筚路蓝缕启山林 秉烛追光砥砺行：武汉光电国家研究中心20周年发展史

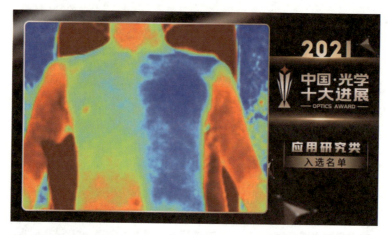

陶光明教授团队基于形态学分级结构设计了辐射降温光学超材料织物

立足技术创新　攻坚克难突破瓶颈

长期以来，研究中心秉承"四个面向"，立足技术创新，攻克信息光电子、能量光电子、生命光电子领域的瓶颈问题，服务于国民经济主战场，服务于国家重大战略需求，服务于人民生命健康，取得了可喜可贺的成绩。

一、三项成果获得国家级科研奖励

1. "高密度高可靠电子封装关键技术及成套工艺"项目获2020年度国家科技进步奖一等奖

微电子工业是全球经济发展的源动力。电子封装被誉为芯片的"骨骼、肌肉、血管、神经"，是提升芯片性能的根本保障。随着芯片越来越小，密度越来越高，高密度芯片封装容易出现翘曲和异质界面开裂问题，导致成品率低、寿命短等，这些问题已成为产业共性难题。电子封装技术创新是我国集成电路产业发展摆脱困境的重要突破口。该项目立项之初，我国电子封装行业核心技术匮乏，先进工艺装备被发达国家垄断。刘胜院士团队针对困扰封装行业发展的重大共性技术难题，经20余年"产学研用"，通过校、所、企合作，联合

"高密度高可靠电子封装关键技术及成套工艺"项目获2020年度国家科技进步奖一等奖

213

攻关，突破了高密度高可靠电子封装技术瓶颈。针对高密度芯片封装容易出现翘曲和异质界面开裂问题导致的低成品率，刘胜院士团队提出了芯片-封装结构及工艺多场多尺度协同设计方法，并通过系列验证，应用于5G通信等领域自主可控芯片的研制中，攻克了晶圆级扇出封装新工艺，突破了7纳米CPU芯片封装核心技术。该项目解决了电子封装行业知识产权"空心化"和"卡脖子"难题，占领了行业技术制高点，实现了高密度高可靠电子封装从无到有、由传统封装向先进封装的转变，具备国际竞争能力。团队与国内行业主要企业及科研单位合作组建了国家集成电路封测产业链技术创新战略联盟，合作研制了系列封装及检测设备，建立了多条封装柔性产线，研制的300多类产品覆盖通信、汽车等12个行业。刘胜院士团队的"高密度高可靠电子封装关键技术及成套工艺"项目获2020年度国家科技进步奖一等奖。

2. "异构频谱超宽频动态精准聚合关键技术及应用"项目获2019年度国家技术发明奖二等奖

"异构频谱超宽频动态精准聚合关键技术及应用"项目获2019年度国家技术发明奖二等奖

2008年，江涛教授从美国学成归来，加盟武汉光电国家实验室（筹），从事无线通信与网络技术的研究，主要研究方向是无线通信系统物理层以及通信网络中问题的建模与分析，并为下一代无线通信系统中的关键问题提供解决方案。江涛教授团队历经10余年研究，针对超宽频移动通信中异构频谱聚合这一信息技术领域的国际公认难题，发明了异构频谱实时聚合理论设计方法、动态适配多业务时频资源调度、高保真低功耗超宽频信号传输，形成了异构频谱超宽频动态精准聚合技术体系。该团队研制了国际首个先进高性能百兆级基站及核心装置，主要产品大规模应用于全球移动通信网络建设,项目近3年的直接经济效益超80亿元。江涛教授团队的"异构频谱超宽频动态精准聚合关键技术及应用"项目获2019年度国家技术发明奖二等奖。

3. "超高速超长距离T比特光传输系统关键技术与工程实现"项目获2019年度国家科学技术进步奖二等奖

大容量长距离光纤传输系统是信息社会发展的重大支撑,是全球信息互联互通的基本保障,是工业化与信息化融合的重要纽带。光纤传输系统一旦中断,互联网、5G、大数据存储、云计算等各种各样层出不穷的新型业务都将黯然失色。光纤传输系统始终面临扩容压力,不断提升光纤传输系统的容量是永恒不变的话题。单波长100 Gb/s的波分复用光纤传输系统已经商用,而随着智慧城市、人工智能、大数据等新业务的不断涌现,市场对更高速光传输系统设备的需求愈发强烈,单波长200 Gb/s、400 Gb/s及单通道1 Tb/s乃至更高速率的长距离光纤传输系统的部署迫在眉睫。

"超高速超长距离T比特光传输系统关键技术与工程实现"项目获2019年度国家科学技术进步奖二等奖

光纤传输系统的核心技术涉及信号处理算法、核心芯片及系统,必须在如上几个方面实现创新突破。在国家863计划等的支持下,北京邮电大学联合华为技术有限公司、华中科技大学唐明教授组建联合项目组,经过研究探索,攻克了"超高速超长距离T比特光传输系统"这一业界难题,在光信号整形算法、60 GBaud光数字信号处理(ODSP)芯片、实时在线单通道T比特传输系统设备等核心制高点上实现重大突破。该研究成果荣获2019年度国家科学技术进步奖二等奖。

二、一项成果入选 70 周年大型成就展

显微光学切片断层成像（MOST、fMOST）整机仪器参加 70 周年大型成就展

2019 年，研究中心骆清铭教授团队自主研制的显微光学切片断层成像（MOST、fMOST）整机仪器，作为基础科学研究成果的代表，应邀参加在北京展览馆举行的"伟大历程辉煌成就——庆祝中华人民共和国成立 70 周年大型成就展"。此次参展的显微光学切片断层成像仪器的核心技术正是源于研究中心 MOST 项目团队承担的国家杰出青年科学基金项目（2001—2004 年）、国家自然科学基金仪器专项（2008—2010 年）和国家重大科学仪器设备开发专项"显微光学切片断层成像仪器研发与应用示范"（2012—2017 年）等项目。该成果建立了从原理创新、原理样机研发，到产品机研制的完整创造体系。以 MOST 原创技术为核心，研究中心在国际上率先建立了小鼠全脑轴突水平精细结构三维成像技术，形成了可为国内外提供大规模介观神经连接图谱绘制相关的神经元标记、成像、图像处理和分析等技术服务体系，为探究脑机理、攻克脑疾病与发展类脑智能技术提供重要支撑。

三、一项成果入选 2019 年度中国十大科技进展新闻

研究中心谢庆国教授团队发明的"全数字 PET"历经 10 余年发展，形成了完整的技术体系。以 MVT（Multi-Voltage Threshold）方法攻克了 PET 高速脉冲数字化世界难题，开创性地建立了以"全数字处理"和"精

确采样"为本质特点的全数字 PET 技术体系，完成了数字 PET 从原理创新、技术发明到仪器研制的全过程，开辟和引领了全数字 PET 这一医学影像新方向。团队于 2010 年研制出全球首台动物全数字 PET，获湖北省技术发明奖一等奖；2015 年研制出全球首台临床全数字 PET，先后获国家创新医疗器械特别审批和中国医疗器械注册证，研制的全球首台脑部专用全数字 PET 在中山大学附属第一医院完成了包括阿尔茨海默病、帕金森病在内的 300 多例脑成像。该成果于 2019 年获黄家驷生物医学工程奖（技术发明类）一等奖，入选 2019 年度中国十大科技进展新闻。

四、一项成果参加国家杰出青年科学基金项目 25 周年成果展

研究中心周欣研究员自主研制的人体肺部气体磁共振成像装备，实现了 ^{1}H、^{129}Xe 的多核成像，获得了世界上首幅增强 5 万倍以上的人体肺部气体磁共振成像图，成功"点亮肺部"。2019 年该装备作为国家杰出青年科学基金项目 25 周年成果展的 13 项代表性成果之一进京展出。该装备具有完全自主知识产权，其核心装置之一"医用氙气体发生器"获批二类医疗器械注册证，成为全球首个获批的该类产品；另一核心装置通过国家药品监督管理局创新医疗器械特别审批程序，有望获批三类医疗器械注册证。周欣团队在启动这项研究时，美国、英国、加拿大等国已提前起跑，但现在这项技术成果已领先全球。

五、四项成果参加国家"十三五"科技创新成就展

国家"十三五"科技创新成就展于 2021 年 10 月 21—27 日在北京展览馆举行，并向社会公众免费开放。本次展览以"创新驱动发展 迈向科技强国"为主题，展览分为百年回望、基础研究、高新技术、重大专项等 12 个展区，共设展项目 1740 项，重点展示了"十三五"期间我国在基础前沿、战略高技术和社会民生领域取得的一批重大成果。研究中心四项科研

成果参加了国家"十三五"科技创新成就展,集中展示了研究中心"十三五"以来贯彻落实党中央关于科技工作重大决策部署、深入实施创新驱动发展战略、建设创新型国家所取得的重大科技成果。

(1) 骆清铭教授团队"显微光学切片断层成像系统"实现价值过千万元的成果转化,作为典型案例在"区域创新"展区的"武汉东湖国家自主创新示范区"版块亮相。

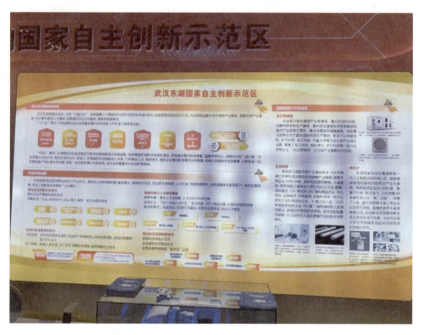

"显微光学切片断层成像系统"亮相国家"十三五"科技创新
成就展的"武汉东湖国家自主创新示范区"版块

(2) 张新亮教授和董建绩教授团队的研究成果"超宽带可重构光子运算集成芯片"以实物形式亮相国家"十三五"科技创新成就展,相关成果得到了科技部重点研发计划资助。该项研究成果面向信息技术向大带宽、高速率和智能化方向发展的迫切需求,利用光子模拟信号处理技术实现大宽带模拟信号的光学运算等功能,极大提升了信息系统的信号处理能力。其中,研制出的超宽带可重构光子模拟信号运算芯片解决了光子运算功能的可重构性差和带宽限制的问题,在雷达和通信(如 5G 网络)中具有巨大的应用前景;研制了智能配置的光子矩阵运算芯片,通过智能化的自动配置，可以完成 MIMO 解扰、谷歌网页排名算法等应用，展现出芯片级智能可编程光计算的巨大潜力。

（3）周欣研究员团队自主研制的"人体肺部气体磁共振成像装备"（气体 MRI 装备）在国家"十三五"科技创新成就展中作为面向人民生命健康的案例，向公众展现高端医疗器械的创新成就。周欣研究员团队针对临床常规影像设备（如 CT、胸透、PET 等）存在电离辐射，且无法定量检测肺功能的不足，通过气体 MRI 装备突破超极化气体制备、临床多核模块构建和兼容等关键技术，有效解决肺部结构和气血交换功能无创、定量、可视化检测的科学难题，获全国创新争先奖。周欣研究员团队正与中国人民解放军总医院、武汉市金银潭医院等多家知名三甲医院合作，不断拓展仪器的自主创新、前沿研究和临床应用。

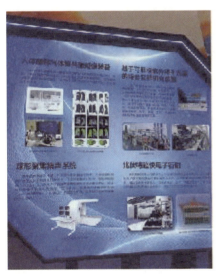
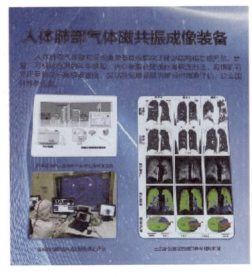

周欣研究员团队自主研制的"人体肺部气体磁共振成像装备"入选
国家"十三五"科技创新成就展

（4）研究中心多维光子学实验室王健教授团队研究成果"高速大容量智能多维复用与处理芯片"亮相国家"十三五"科技创新成就展。该项研究成果面向大数据和 5G 时代高速大容量光通信国家重大需求，设计研制了可重构多功能光处理芯片、可编程多任务光处理芯片、大容量硅基多维复用与处理芯片，实现了 640 Gbit/s 吞吐量可重构光分插复用、光纤通信系统智能自重构光路由和交换、基于深度学习的光纤模式基智能识别，为高速大容量智能光通信与光互连提供了核心光电子芯片支撑技术。

六、三项成果入选 2021 年度中国光学领域十大社会影响力事件

2021 年度中国光学领域十大社会影响力事件（Light 10）是中国科技期刊卓越行动计划领军期刊 *Light*：*Science & Applications* 携手中国科学报社旗下科学传播旗舰品牌科学网推出的年度榜单。本次评选活动投票人数超过 10 万人，引起社会大众广泛关注。研究中心骆清铭团队"全脑光学高清成像领域新突破"、陶光明团队"无源制冷光学超材料织物"、闫大鹏团队"超高功率工业光纤激光器"三项成果上榜。

1. 我国在全脑光学高清成像领域实现新突破

中国科学院院士、海南大学校长、武汉光电国家研究中心主任骆清铭教授团队基于线照明调制光学层析成像发展了高清荧光显微光学切片断层成像技术，将全脑光学成像从高分辨率提升到高清晰度的新标准，相关技术不仅极大地提高了全脑光学成像的数据质量，而且对该领域面临的大数据难题开辟了全新的解决途径，显著提高了在数据存储、传输、处理和分析等方面的效率，有望在标准化、规模化的脑科学研究中发挥巨大作用。

2. 穿上它可降温近 5 ℃，我国科学家研发出可无源制冷的光学超材料织物

陶光明教授团队和浙江大学马耀光教授团队聚焦人民生活需求，突破性地研发了一种具有形态分级结构、可大批量制备的光学超材料织物。该织物既能防晒，又可让人体体表温度降低近 5 ℃，具有优异的可穿戴性，并与整个纺织行业相兼容，适合大规模推广制备和产业化应用。

可无源制冷的光学超材料织物

3. 我国首台 100 千瓦超高功率工业光纤激光器正式启用

闫大鹏教授团队研发的国内首台 100 千瓦超高功率工业光纤激光器，从立项到研制成功，再到交付使用，仅用了短短 6 个月的时间。该激光器由锐科激光和南华大学联合研制，作为目前国内最大功率的工业光纤激光器和全球第二大功率的工业激光器，其将在先进制造、航空航天、医疗设备等方面发挥巨大作用，尤其是在放射环境下核设施的退役拆除、核污染器件的表面去污等方面将得到更广泛应用。

1996 年，事业有成、已不惑之年的闫大鹏教授公派赴美学习光纤激光器技术，仅用 10 年时间就成长为光纤激光业的翘楚，获得美国杰出人才计划青睐。2007 年，51 岁的闫大鹏怀揣报国梦想，毅然回国创办国内第一家光纤激光器生产企业——武汉锐科光纤激光技术股份有限公司（简称"锐科激光"），同时加盟武汉光电国家实验室（筹），专门从事大功率光纤激光器的元器件及激光器产业化方面的研究。深耕领域 20 余年，闫大鹏带领锐科激光打破了国外企业在高功率光纤激光器领域的垄断，推动中国光纤激光器自主研发能力达到世界一流水平。2021 年，锐科激光研制的我国首台最大功率、全球第二大功率激光器——10 万瓦工业光纤激光器正式投入使用，已经应用于先进工业制造、航空航天等高端领域场景中。

锐科激光研制的激光器

七、服务国民经济主战场

1. 人体肺部气体磁共振成像仪（MRI）

2009年，周欣研究员从美国劳伦斯·伯克利国家实验室归国，他一个人就是一支团队，大小事务亲力亲为，工作到凌晨已成为常态。10余年间，他甘坐冷板凳，带领团队开展科研攻关，成功研制出拥有自主知识产权的世界上增强倍数最高的人体肺部气体磁共振成像仪（MRI），实现了世界上最快的高分辨人体肺部气体动态采样，成功达成了自由呼吸下的实时成像。

超极化^{129}Xe仪器

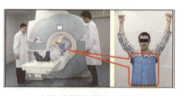

人体肺部成像专用探头

外挂式变频成像系统

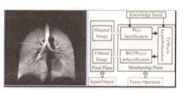

肺部MRI影像处理方法

人体肺部气体磁共振技术

2. 铁路轨道激光强化与熔覆加工车

近几年来，增材制造（又称"激光3D打印技术"）在全球迅速升温，成为行业热议的焦点。该技术已被广泛应用于航空航天、汽车、医疗等领域，更成为制造业向智能化快速转型的核心加工要素。激光与太赫兹功能实验室曾晓雁教授，三十年如一日，把心血付诸激光领域的研究，真正践行了"把论文写在祖国大地上"。曾晓雁教授以国家和企业需求为导向部署研究方向，通过把实际需求中出现的一些基础科学问题提炼出来，加以研究和攻关，取得研究结果后直接用于指导工程实践，从而为企业解决实际难题。2021年，由曾晓雁教授团队联合武汉瀚海智能激光工程有限公司和中铁武汉局共同研发的钢轨激光加工工程车——铁路轨道激光强化与熔覆加工车，是全国首台拥有完全自主知识产权的用于强化与修复铁路轨道的车辆，现已在湖北武汉正式通过验收并投入使用。根据中国国家铁路集团有限公司公布的验收数据，这台设备的加工效率可达到每小时54米，可以在线对钢轨进行多次淬火强化，使钢轨总体使用寿命最高可提升10倍以上，从而大幅减少换轨次数。

2021年11月10日，铁路轨道激光强化与熔覆加工车在武汉北编组站试运行

3. PDSL团队两次以优异成绩荣获国际超算存储IO500 "10节点榜单"世界第一

IO500是高性能计算领域针对存储系统性能世界最权威的排行榜。自

2017年11月开始，IO500榜单在高性能计算领域顶级会议——全球超级计算机大会（SC）和国际超级计算大会（ISC）上发布。IO500包括"总榜单"和"10节点榜单"两类。其中，"10节点榜单"将基准性能测试统一规定为10个客户端节点，在存储性能对比方面参考价值更高。IO500通过带宽和元数据两项基准测试，计算整个存储系统的性能评分。SC和ISC是世界级别最高的高性能计算大会，每隔半年交替举办。"全球最快的500台超级计算机排行榜"（Top500）就在SC和ISC会议上公布。ISC 2022于2022年5月30日在德国汉堡召开，研究中心万继光、谢长生教授的并行数据存储实验室PDSL团队自研的FlashFS超算文件系统在IO500测试的"10节点榜单"中勇夺第一名，将世界纪录提高36%。随后，该团队与国内知名企业合作，在夺冠的基础上研制了新的分布式文件系统，进行了多方面的技术创新，大幅度提高了性能，于2023年5月再次在德国汉堡参加IO500"10节点榜单"打榜，勇夺ISC 2023超算存储IO500"10节点榜单"第一，并将该榜单的世界纪录提高了15倍，取得了遥遥领先的成绩，这是我国在数据存储技术领域取得的一项令世界同行瞩目的重大进展。

PDSL团队两次打破超算存储IO500排行榜世界纪录

（从左到右：谭志虎、谢长生、杨豪迈、郭一兴、万继光）

国际超算存储 IO500 性能排行证书（"10 节点榜单"第一名）

4. 荣获国内首个 FAST 2023 最佳论文奖

USENIX 文件和存储技术国际会议（USENIX Conference on File and Storage Technologies，FAST）代表了计算机存储领域的国际最高研究水平。第 21 届 FAST 会议于 2023 年在美国加州召开，华宇教授团队在本次会议上以华中科技大学为唯一单位发表学术论文"ROLEX：A Scalable RDMA-oriented Learned Key-Value Store for Disaggregated Memory Systems"并荣获最佳论文奖，这也是国内首个获此殊荣的团队。

FAST 2023 最佳论文奖证书

该论文第一作者、博士生李鹏飞在华宇教授的指导下提出了在分离式内存系统中面向单边 RDMA 操作的学习型的键值存储方案，被称为 ROLEX。通过分离数据修改和模型重训练操作，旧模型访问后的数据无需立即重训练，这种方式显著降低了模型的重训练频率和系统开销。基于重训练分离的学习型模型，计算节点通过单边 RDMA 操作直接访问和修改远程的数据。为了减少网络带宽的消耗，ROLEX 使用异步、原地重训练的方式，在内存节点上利用少量的计算资源对修改后的数据进行重训练。该研究工作采用大量真实的工作负载进行全面测试和分析，结果表明：与目前最先进的分布式索引方案相比较，ROLEX 能够显著提升系统性能。

推进成果转化　服务区域创新需求

研究中心的前身——武汉光电国家实验室（筹）自筹建之日起，就承担着服务区域创新需求的任务。研究中心致力于将科技成果通过武汉光电工业技术研究院有限公司实现产业化，支持"武汉·中国光谷"的经济发展，打通实验室成果与高新技术产业化的路径，促进了光电产业的升级换代。

一、武汉光电工业技术研究院有限公司

武汉光电工业技术研究院有限公司持续围绕"光、芯、屏、智"等领域开展专业孵化和产业培育，分别围绕国家信息光电子创新中心、武汉集成电路技术及产业服务中心、光电显示国家专业化众创空间、脑连接图谱产业协同创新共同体等国家级平台，培育发展自力更生、自主研发、自主创新的光电子产业新集群。

2019年1月9日，"以光电工研院为载体促进科技成果转化"被纳入中国（湖北）自由贸易实验区（简称"湖北自贸区"）制度创新成果清单，在全省推广。

2020年，"光电子技术省部共建协同创新中心"获批，有力推动了地方经济和高新产业发展。

光电工研院于2019年建设了光电创新园。园区总用地面积100亩，分为两期开发。一期用地面积49亩，建筑面积约44823.99平方米，容积率为1.5，分为科技孵化区和产业加速区。由研发办公大楼、光显示研发生产大楼、生产平台、生活配套设施等构成。光电创新园的布局以研发主楼为中心，向两侧双向延伸，并与底层集合平台融合，自然形成的多样化

地景空间，由内向外、由上而下，确保了人与周边配套服务的高效可达性、人与人之间的高频互动性，为入孵企业提供了集休闲、学习、工作于一体的优良众创氛围。

截至2023年9月，光电工研院培育企业已超160家。其中，"瞪羚"企业19家，高新技术企业39家，科技"小巨人"企业20家，武汉上市后备企业3家，"3551"人才企业34家，湖北省双创战略团队7个，荣获湖北省专利金奖企业2家，荣获日内瓦发明金奖企业2家……培育企业投后总估值超过60亿元。

光电工研院的发展共分为五个阶段。

第一阶段，专注于体制机制创新并率先取得突破。光电工研院成功推动了显微光学切片断层成像系统（MOST）知识产权组以1000万元的价格挂牌交易，创下当时科技成果转让标的国内最大、个人及团队分配比例最高的两项纪录，MOST案例也成为部属高校挂牌转化科技成果的首个案例，为《中华人民共和国促进科技成果转化法》的修订提供了重要参考，推动了高校知识产权"处置权、审批权、收益权"的下放。

第二阶段，新增投资与孵化等重点业务。光电工研院发起并成立了育成创业投资基金，获得省市区三级政府引导基金的支持。这也是全武汉首只科技成果转化基金，募资1亿元，专注于投资中早期项目。目前已经进入项目封闭期，年化收益率预计达到20%，被评为"湖北最活跃的股权投资机构"。在孵化方面，成为湖北首个获得国家级科技企业孵化器、国家专业化众创空间、国家级众创空间三项认定的机构。

第三阶段，开展全链条服务。光电工研院于2017年召开第一届顾问委员会，会上提出推动科技服务业向创新源头延伸。随之建立了全创新链科技服务体系。这期间，知识产权服务日趋专业化，先后入选湖北省知识产权双创服务基地、省知识产权发展中心双创服务工作站和省知识产权海外护航试点企业。平台服务集中突破，参与筹建并运营了武汉集成电路技术及产业服务中心、脑连接图谱产业协同创新共同体、国家信息光电子创新中心等国家级平台，发现并解决产业共性问题。同时，打造了电磁兼容检测、高端电子组装等一批公共服务平台，帮助初创企业降本增效。

第四阶段，开展全球化布局。光电工研院于 2018 年召开第二届顾问委员会，对外发布了全球化发展战略规划，前瞻性、系统性谋划开拓光电子创新合作网络。其间，先后建立了中法 PSA 光电国际开放实验室、中新科技孵化器、中日光电子先进技术转移中心等，连续两年承办联合国国际培训班，提供完善的海外人才、技术落地服务。入选"科创中国"百佳技术转移案例。国际化的同时，还在国内同步推动创新模式的复制，位于光谷科学岛起步区的光电创新园 2019 年正式投用。光电工研院模式也在重庆、襄阳多地实现复制。2019 年，"以光电工研院为载体促进科技成果转化"被纳入湖北自贸区科技成果转化清单，在全省进行推广。

第五阶段，打造光电产业科技服务集团。光电工研院于 2020 年召开第三届顾问委员会，会上提出要以打造"光电产业科技服务集团"为目标，围绕技术要素支撑和打造科技服务体系，促进技术要素市场化配置，目前已形成一系列探索成果。围绕技术成果要素，逐步构建工程化、产业化研发能力，搭建工程师体系，加速"卡脖子"技术产业化。自主研发的多款双光束激光直写设备向中山大学、上海理工大学等多所院校交付。围绕技术应用要素，提出"场景实验室＋场景孵化器"双创培育模式，联合中国电建华东院打造了国内首个场景孵化器，助力超 200 家中小企业与华润、中国电建、中国电投、中国信科等大型央企合作。围绕技术载体要素，开展创新基础设施运营，推动了半导体快速封装平台入选省、市成果转化中试基地，还运营了华中地区唯一的一站式生物材料快速通关平台，以及华中地区最大的人工智能计算中心——武汉人工智能计算中心，助力区域产业做大做强，日前科技部正式批复，支持该中心建设国家新一代人工智能公共算力开放创新平台。

二、华中科技大学鄂州工业技术研究院

华中科技大学鄂州工业技术研究院（简称"鄂州工研院"）依托政策和平台优势，以华中科技大学科研成果为转化源头、以技术应用研究和工程化平台为支撑、以人才为核心、以科技成果转化为主线，实现了从无到有、从有到优的跨越式高速发展。

鄂州工研院已建成十大公共技术服务平台，八大专业技术服务平台，拥有1.7万平方米科研实验室，3万平方米产业孵化空间。引进各类人才，包括院士、国家级人才计划入选者、长江学者，国家杰青、优青等；培养科研人员1000余人；孵化出一批在光电健康领域具有影响力的高新技术企业。鄂州工研院地处湖北省鄂州市梧桐湖新区生态科学城过境干道，位于"武汉、鄂州、黄石、黄冈"城市发展带的中心位置。2021年2月，湖北省人民政府办公厅发布《省人民政府办公厅关于印发光谷科技创新大走廊发展战略规划（2021—2035年）的通知》，将鄂州工研院作为重点创新平台纳入战略规划。

三、光电子技术省部共建协同创新中心

2014年，在湖北省教育厅、财政厅领导下，由华中科技大学武汉光电国家实验室（筹）牵头，与华中科技大学光电信息学院、湖北文理学院、湖北汽车工业学院协同合作，联合光电工研院、鄂州工研院、华工科技、烽火科技、长飞光纤等骨干企业协同成立"光电子技术湖北省协同创新中心"。

2018年11月3日，湖北省教育厅组织专家对建设期满的16个湖北省协同创新中心开展了验收评估，"光电子技术湖北省协同创新中心"在这次评估中获得了"优秀"。

2018年11月3日，"光电子技术湖北省协同创新中心"验收评估汇报

2020年，该中心被教育部认定为"光电子技术省部共建协同创新中心"。中心积极响应国家战略性新兴产业发展规划，为做大做强光电子技术、支持东湖国家自主创新示范区的可持续发展而服务，并在机制体制创新、人才培养、科学研究、产业化等方面取得了丰硕成果。

四、科研成果成功转化典型案例

（一）PET/CT 完成三类医疗器械认证

2022年，由谢庆国教授领衔的数字 PET 团队开发的新一代全数字 PET/CT 完成三类医疗器械认证，正式获准进入市场。除符合时间分辨率名列第二以外，其他核心指标全球领先。相关指标显示，该设备可在20秒内完成单个床位的扫描成像，全身扫描仅需80秒，单个床位成像速度为当今全球第一。此前，初代临床全数字 PET/CT 已在湖北省鄂州市中心医院稳定运行两年半，为数千名患者提前"揪"出癌症病灶。目前，第二代设备已完成临床认证，充分展现了数字 PET 这一国际原创 PET 成像新技术的巨大潜力。

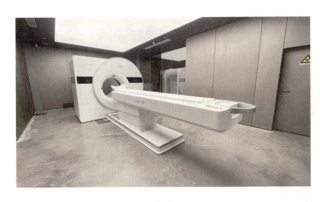

新一代全数字 PET/CT

（二）人体肺部气体多核磁共振成像系统完成三类医疗器械认证

2023年，周欣研究员带领团队研发的创新医疗器械——多核磁共振成像系统（人体肺部气体多核磁共振成像系统）完成三类医疗器械认证，并获国家药监局批准上市,该系统是当今全球首台获准上市的可用于气体成像的临床多核磁共振成像系统,解决了临床无辐射精准检测肺部疾病的世界难题。

2020年9月,核心装备"医用氙气体发生器"获得全球首个同类医疗器械注册证;2023年8月16日,多核磁共振成像系统获准上市,成为全球首个可用于气体成像的临床多核磁共振成像产品。

目前,该系统已在北京301医院、上海长征医院、武汉金银潭医院、武汉同济医院、武汉大学中南医院、湖北省肿瘤医院等10余家三甲医院及科研单位开展临床应用研究。

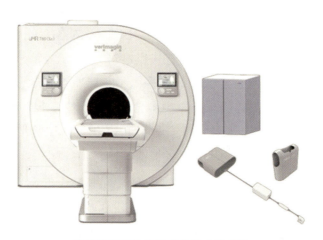

人体肺部气体多核磁共振成像系统

(三)全新一代共聚焦显微内窥镜获准上市

共聚焦显微内窥镜样机

付玲教授团队研究的共聚焦显微内窥镜是首个获准医用的国产共聚焦内窥镜,实现了光纤显微探头、微米精度三维光纤成像耦合器等关键技术创新。该成果以投资入股的形式实现科技成果转化。2021年,全新一代共聚焦显微内窥镜获准上市,在武汉协和医院、山东齐鲁医院等40家权威医疗中心应用,实时提供与病理切片等效的信息。

（四）武汉尚赛光电科技有限公司成立

研究中心 2014 届毕业生穆广园博士在导师王磊教授的指导和支持下创办了武汉尚赛光电科技有限公司，致力于 OLED 材料的源头创新与关键核心技术突破及批量化生产。目前，已与华星光电、天马微电子等国内面板龙头企业，以及三星、LG 等日韩企业建立了稳定合作关系，跻身全球 OLED 材料核心供应商。

（五）武汉极目智能技术有限公司成立

研究中心 2018 届毕业生程建伟博士创建的武汉极目智能技术有限公司，基于顶级的 AI 感知和车辆控制决策核心技术，对驾驶风险进行管控，核心技术指标在业界领先，产品远销美国、澳大利亚、韩国、新加坡、印尼、印度等 20 多个国家和地区。

（六）肯维捷斯（武汉）科技有限公司成立

以胡庆磊博士为首的团队于 2005 年创建了肯维捷斯（武汉）科技有限公司。肯维捷斯公司基于在光学领域的研究，一方面开发包括手机显微镜、智能望远镜等在内的消费影像业务线；另一方面研发生物医疗工具，例如宫颈癌筛查检测产品，通过 AI 辅助诊断，可在一分钟内完成全玻片成像，目前主要面向医疗机构。2018 年起，胡庆磊博士团队在学校的帮助下，不断在这条路上探索，团队投入的研发经费已达 2000 万元。2021 年上半年，肯维捷斯公司融资 490 万元，进一步进行产品研发，同时，智能望远镜二代已研发出样品并开启预售，样机制作完成后，团队将信息传到国际网站上进行众筹，共众筹到了 600 多万元。

五、校企共建科研机构

为全面深化产学研合作，助力学校"双一流"学科建设及人才培养，攻克制约企业发展的"卡脖子"技术难题，促进科技成果转移转化，助推区域经济与社会大发展，研究中心坚持面向世界科技前沿、面向经济主战场、面向国家重大需求、面向人民生命健康，坚持以应用为导向，整合优化科技资源配置，与相关企业共建了一批科研机构，包括校企共建联合技术中心、联合创新中心、联合实验室等。

与大型企业合作，为企业解决核心技术瓶颈问题，也是研究中心实现成果转移的高效方式。近年来，研究中心与华为、腾讯、浪潮、联影、长江存储、高德红外等头部企业开展深入合作，先后成立联合实验室25个，为这些企业解决核心技术问题，布局未来5~10年的新型研究，其中，数十项成果和技术成功转化，在通信、能源、工业制造、人类健康等领域得到应用，创造直接经济效益逾百亿人民币。

2021年9月，冯丹教授牵头与浪潮共建新存储联合实验室

2019年，由缪向水团队完成的93项三维相变存储器芯片专利许可给长江存储公司，并合作开发芯片产品，同时与行业龙头企业华为、新思科技等公司合作，建立了联合实验室，推动存储器芯片技术的成果转化，并对未来引领技术进行探索。

从2019年开始，研究中心与华为开展深度合作，先后建立联合实验室和联合研究中心共7个，在光电芯片、存储器、光纤、光纤激光器等方面开展技术攻关。华为每年支付研究经费近6000万元，用于开展研究工作，已取得重大成果。其中，张新亮、余宇教授与华为合作开展高性能光电探测器研究工作，成功研究出兼顾带宽和效率的光电探测器；夏金松教授与华为合作开展铌酸锂芯片研究工作，研制的铌酸锂芯片带宽超过100

GHz；谢长生教授与华为合作开展新型光存储技术研究，研制 TB 级长寿命超大容量光盘；李进延教授在与华为开展 L-band 石英掺铒光纤合作研究的基础上，再次开展 L120 宽谱高性能光纤技术的合作研究；赵彦立教授与华为合作，面向激光雷达应用，开展高灵敏度、高速雪崩光电二极管的研究工作。

2021 年 11 月，谢长生教授牵头与华为共建光存储联合研究院

自 2018 年以来，依托研究中心建立的校企共建联合技术中心/联合创新中心/联合实验室见下表。

校企共建科研机构

序号	校企共建科研机构名称	负责人	年份
1	华中科技大学-深圳市赢时胜信息技术有限公司"人工智能医学图像技术中心"	曾绍群	2018
2	华中科技大学-杭州海康威视数字技术有限公司"海量信息存储联合实验室"	冯丹	2018
3	华中科技大学-武汉佰钧城软件园发展有限公司"人机交互联合实验室"	陶光明	2018
4	华中科技大学-上海威固信息技术股份有限公司"智能存储技术研究中心"	吴非	2019
5	华中科技大学-联影-武汉医工院联合实验室	李强	2019

续表

序号	校企共建科研机构名称	负责人	年份
6	华中科技大学-武汉血液中心"血液光学成像技术中心"	张玉慧	2019
7	华中科技大学-贵州芯火集成电路产业技术服务有限公司联合实验室	缪向水	2019
8	华中科技大学-麦格磁电（珠海）联合实验室	胡作启	2019
9	华中科技大学-华为技术有限公司"新型存储技术创新中心"	冯丹	2020
10	华中科技大学-湖北益尧信息科技有限公司"华益健康信息技术研究中心"	冯丹	2021
11	华中科技大学-深圳市腾讯计算机系统有限公司"智能云存储技术联合研究中心（二期）"	周可	2021
12	华中科技大学-华为技术有限公司"云存储技术创新中心"	万继光	2021
13	华中科技大学-华为技术有限公司"变革性存储技术创新中心"	吴非	2021
14	华中科技大学-浪潮电子信息产业股份有限公司"新存储联合实验室"	冯丹	2021
15	华中科技大学-华为技术有限公司"光存储技术创新中心"	谢长生	2021
16	航空工业特种所-华中大光电中心	邓磊敏	2022
17	华中科技大学-北京金橙子激光精密制造技术联合研究中心	邓磊敏	2022
18	华中科技大学武汉光电国家研究中心-苏州贝林激光超快激光高端应用技术联合研究中心	邓磊敏	2022
19	华中科技大学-荣耀先进存储联合实验室	冯丹	2022

加强国际合作 提升"四力"享誉中外

研究中心发扬了其前身——武汉光电国家实验室（筹）高度重视国际交流与合作的传统，持续加强国际合作，不断提升学科的国际竞争力、师者的国际创新力、学子的国际胜任力和自身的国际影响力，研究中心的研究能力享誉中外。

一、成立武汉光电国际合作联合实验室

2015年12月18日底，通过教育部立项论证成立的武汉光电国际合作联合实验室，经过三年多建设，于2019年3月21日通过教育部科技司组织的验收。

2019年3月21日，教育部武汉光电国际合作联合实验室验收论证会

武汉光电国际合作联合实验室已与多所国际顶级科研院所开展深度合作，由实验室/研究中心与合作单位签署相关协议，详情如下：

（1）2017年，武汉光电国家实验室（筹）与俄罗斯萨拉托夫国立大学

医学关键技术多学科中心签订共建武汉光电国际联合实验室协议。

（2）2017年，武汉光电国家实验室（筹）与俄罗斯萨拉托夫国立大学国际光学产业及医学技术研究教育中心签订共建武汉光电与生医国际联合实验室协议。

（3）2017年，武汉光电国家研究中心与美国天普大学计算机与信息科学系存储与系统结构实验室签订共建武汉光电国际合作联合实验室协议。

（4）2017年，武汉光电国家研究中心与英国阿斯顿大学光子技术研究所签订共建中英先进光子技术联合实验室协议。

（5）2018年，武汉光电国家研究中心与法国巴黎南大学纳米技术实验室签订共建武汉光电国际合作联合实验室协议。

（6）2018年，武汉光电国家研究中心与爱尔兰都柏林城市大学微波与光波通信实验室签订共建武汉光电国际合作联合实验室协议。

（7）2019年，武汉光电国家研究中心与瑞典皇家理工学院签订共建武汉光电国际合作联合实验室协议。

（8）2020年，武汉光电国家研究中心与意大利帕多瓦大学信息工程系签订合作协议。

二、承办高水平国际期刊

 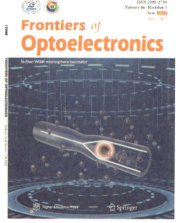

高水平国际期刊

Journal of Innovative Optical Health Sciences（JIOHS）于 2008 年创刊，该刊由教育部主管、华中科技大学主办，是新加坡世界科技出版社和华中科技大学武汉光电国家研究中心《创新光学健康科学杂志（英文）》编辑部共同出版的开放获取（Open Access，OA）期刊，由骆清铭院士担任主编。JIOHS 期刊的办刊宗旨为刊载生物医学光子学领域的新理论、新进展、新成果，促进国内外学术交流，推动光子学技术在生物医学领域的研究与应用，提高我国在该领域的科研水平和国际影响力。JIOHS 期刊创刊至今，陆续被 SCI、EI、Scopus 等国际知名数据库收录，2011 年获得第一个 CiteScore 1.3，2012 年获得第一个影响因子（Impact Factor，IF）0.693，随后影响因子和 CiteScore 逐年增加，2023 年公布上年度获得

JIOHS 期刊

的影响因子为 2.5，CiteScore 为 4.3。该刊 2018 年入选中国科技期刊影响力提升计划 D 项目，获 50 万元经费支持；2019 年获批国内统一连续出版物号（CN），开始在中国出版印刷，由此成为中国乃至亚太地区唯一被 SCI 收录的生物医学光子学领域英文科技期刊；2022 年入选《光学工程和光学领域高质量科技期刊分级目录》；2019—2023 年连续 5 年被评为"中国国际影响力优秀学术期刊"（Top 5%～10%）。

Frontiers of Optoelectronics（FOE）是由教育部主管、高等教育出版社出版、Springer-Nature 公司海外发行的 Frontiers 系列英文学术期刊之一，侧重反映光电子学、光子学领域的科学发现和技术革新，致力于打造高效率、高质量和高影响力的国际学术交流平台。FOE 期刊由高等教育出版社、华中科技大学和中国光学学会联合主办。目前 FOE 期刊编委会由 73 名光电子学领域的专家构成，其中院士 3 人、国际编委 37 人，由北京大学龚旗煌院士和西安电子科技大学/华中科技大学张新亮教授共同担任主编。FOE 期刊自 2008 年创刊以来，截至目前已经连续出版 65 期，

FOE 期刊

2022年转为开放获取期刊，目前已被ESCI、EI、Scopus、DOAJ、PMC、CSCD等多个有影响力的数据库收录，2023年公布上年度获得的影响因子（IF）为5.4，CiteScore为6.8。2013年该刊刊载论文获得中国光学学会"大珩杯"光学期刊优秀论文奖；2015年该刊获得"第一届中国高校特色英文期刊奖"；2016年、2018年、2020年和2022年四次被评为"中国高校优秀科技期刊"（Top 5％～10％）；2015—2023年连续9年被评为"中国国际影响力优秀学术期刊"；2019年入选"中国科技期刊卓越行动计划"梯队项目。

三、举办高品质学术讲座

研究中心持续举办"武汉光电论坛"。至2023年12月，"武汉光电论坛"累计共举办了203期。部分照片如下。

2018年11月1日，北京大学深圳研究生院杨世和教授在武汉光电论坛第148期作"高效太阳能转换的材料创新"报告

2019年4月3日,德国马克斯·普朗克学会光学研究所 Vahid Sandoghdar 教授在武汉光电论坛第153期作"光与物质相互作用的效率:从纳米量子光学到纳米生物光子学"报告

2020年11月26日,美国工程院院士、加州大学伯克利分校常瑞华教授在武汉光电论坛第172期作"VCSEL:开创3D感知的新纪元"报告

2021年4月22日,哈尔滨工业大学宋清海教授在武汉光电论坛第175期作"硅基光学微腔中的模场观测及调控"报告

2022年10月26日,中科院物理研究所李玉同研究员在武汉光电论坛第181期作"超快强激光和等离子体相互作用产生的强太赫兹辐射及其应用"报告(线上)

2023年9月19日,华南理工大学李志远教授在武汉光电论坛第190期作"通向全谱段白光飞秒激光和单分子光学显微成像的道路"报告

除 2008 年发起创办的"武汉光电论坛"外，研究中心还发起创办了"武汉光电青年论坛""光子学公开课""神奇光子在线讲坛"等多个光电学科论坛，活跃学术交流氛围，促成高质量国际交流合作，发出华中大的"光电"声音。

2016 年发起的"武汉光电青年论坛"秉承"以人为本，人才强室"的根本宗旨，将研究中心打造为国际高水平人才聚集地，围绕研究中心整体战略规划及目标，通过邀请海内外优秀青年学者探讨前沿科技热点，以推进研究中心人才引进和学术交流的国际化进程。2020 年，"武汉光电青年论坛"获评华中科技大学"十三五"校园文化品牌"优秀项目"。"武汉光电青年论坛"至今已举办 30 余期。

2020 年发起的"光子学公开课"，是面向有志于从事相关领域科学探索与技术应用的学生和从业人员推出的公益性在线公开课程，该课程旨在凝聚集体智慧，在新的形势下提升我国人才（特别是研究生）的培养质量，为前沿交叉创新和服务国家重大需求贡献力量。"光子学公开课"至今已举办 140 余期。

2020 年开始的"神奇光子在线讲坛"主要是面向学术前沿、学术与产业融合、学术新秀的在线讲坛，希望给校内外、国内外光电子领域的学者一个展示自己研究工作的舞台。"神奇光子在线讲坛"至今已举办 99 期。

四、举办国际学术会议

1. 国际光子与光电子学会议（POEM）

第十一届国际光子与光电子学会议（POEM 2018）

第十二届国际光子与光电子学会议（POEM 2019）

第十三届国际光子与光电子学会议（POEM 2021）（首次线上）

第十四届国际光子与光电子学会议（POEM 2022）（线上）

第十五届国际光子与光电子学会议（ACP 2023/POEM 2023）

2. 生物医学光子学与成像技术国际学术研讨会（PIBM）

第十五届生物医学光子学与成像技术国际学术研讨会（PIBM 2021）

第十六届生物医学光子学与成像技术国际学术研讨会（PIBM 2023）

3. 主办国际研讨会

2019年7月27—31日，第七届生物光子学中俄双边研讨会在俄罗斯成功举行

2020年，第八届生物光子学中俄双边研讨会在线上成功举行

2022年9月26—27日，第十届生物光子学中俄双边研讨会在线上成功举行

2023年5月16—18日，第二届金砖五国生物光子学学术研讨会在线上成功举行

五、聘用高水平外籍学者

自2018年起，研究中心相继聘请美国斯坦福大学崔屹教授为我校顾问教授，聘请南非金山大学Andrew Forbes教授为我校名誉教授，聘请诺贝尔化学奖得主William E. Moerner教授为我校名誉教授。

2018年7月5日，美国斯坦福大学崔屹教授受聘为顾问教授

2018年，南非科学院院士、南非金山大学Andrew Forbes教授受聘为名誉教授

2019年，诺贝尔化学奖得主William E. Moerner教授受聘为名誉教授

六、开展境外交流与合作

研究中心在 2018—2023 年期间共邀请近 600 名境外专家来访,其中包括 30 位知名院士。

2018 年 9 月 25 日,曼彻斯特大学校长 Nancy Rothwell 一行到访武汉光电国家研究中心

2018 年 10 月 12 日,摩洛哥 OCP 集团高层到访武汉光电国家研究中心

2018年10月16日,美国Memoriae公司与华中科技大学建立区块链存储研究中心

2018年11月16日,中国澳门科技代表团一行到访武汉光电国家研究中心

2018年12月10日,香港城市大学王钻开教授一行到访武汉光电国家研究中心

2019年4月3日,德国马克斯·普朗克学会光学研究所主任 Vahid Sandoghdar 教授受邀到访武汉光电国家研究中心

2019年5月17日,台湾中山大学第一副校长陈英忠教授一行到访武汉光电国家研究中心

2019年5月23日,SK海力士常务副总经理白贤喆一行到武汉光电国家研究中心参观考察

2019年10月22日,印度尼西亚香瓜拉大学数学与自然科学学院副院长 IIHAM MAULANA 一行到访武汉光电国家研究中心

2022年7月22—23日,武汉光电国家研究中心参与华中科技大学举办的"非洲七国大使进校园"活动

2023年4月27日,法国驻武汉总领事馆科技教育合作专员 Maxime Feraille 到访武汉光电国家研究中心

随着研究中心学术实力和国际声誉的不断提升,相关国际组织纷纷主动与研究中心功能实验室建立战略合作关系,这些相关国际组织主要包括国际光学工程学会、美国激光学会、国际光学委员会、美国光学学会、英国物理学会、英国工程技术学会、电气与电子工程师协会等。研究中心国际交流与合作不断向深度和广度迈进。

上述系统性工作已产生重要学术影响。研究中心多次被本领域国际学会授权主办国际会议,研究中心教师应邀多次在国际会议上作邀请报告,大大提升了研究中心的国际可见度。2018—2022 年,研究中心教师应邀到国内外讲学或在重要国际会议上作报告 350 人次。

Photonics West 2019
2019/02 美国旧金山

MRS Fall Meeting 2019
2019/12 美国波士顿

CLEO 2019
2019/05 美国圣何塞

东湖论坛(2019)

光电青年论坛

研究中心参加的学术会议

2018 年,骆清铭院士应邀在美国西部光电学会议(Photonics West 2018)上作大会报告,成为首位在 BiOS Hot Topics(生物光子学热点论坛)作大会报告的祖国大陆学者。2020 年,骆清铭院士受邀在世界青年科学家峰会及科思研讨会作主题报告。同年,骆清铭院士受邀在亚洲光电子会议(Photonics Asia 2020)作大会邀请报告。

2022 年 1 月 22—27 日,2022 年度美国西部光电学会议(Photonics West 2022)在美国旧金山举行。研究中心朱菁教授作为 BiOS Hot Topics 的特邀嘉宾,通过在线方式为现场参会的专家学者作了大会报告。这也是继 2018 年首位祖国大陆学者在生物光子学热点论坛上作报告之后,享此殊荣的第二位学者。

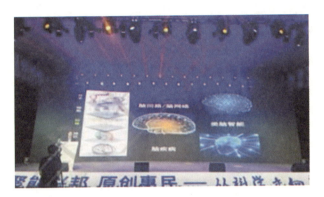

骆清铭院士受邀在 2020 年世界青年科学家峰会上作主题报告

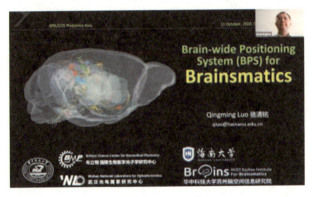

骆清铭院士受邀在 2020 年亚洲光电子会议（Photonics Asia 2020）上作大会邀请报告

广泛的交流与合作，极大提升了研究中心教师在国际学术界的影响力。2018—2022 年期间，研究中心新增国际知名学术组织会士 20 人次，总计达到 30 人次。

国际知名学术组织会士名单

序号	姓名	机构或组织	年份
1	骆清铭	国际光学工程学会	2007
2	骆清铭	英国工程技术学会	2012
3	骆清铭	美国光学学会	2014
4	陆培祥	美国光学学会	2015
5	骆清铭	美国医学与生物工程院	2016
6	骆清铭	中国光学学会	2017

续表

序号	姓名	机构或组织	年份
7	张新亮	美国光学学会	2017
8	曾绍群	国际光学工程学会	2017
9	曾绍群	美国光学学会	2017
10	王鸣魁	英国皇家化学学会	2017
11	江涛	电气与电子工程师协会	2018
12	朱明强	英国皇家化学学会	2018
13	朱䓖	国际光学工程学会	2019
14	霍开富	英国皇家化学学会	2019
15	骆清铭	国际医学与生物工程科学院	2020
16	付玲	美国光学学会	2020
17	王健	美国光学学会	2021
18	舒学文	英国物理学会	2021
19	霍开富	国际先进材料学会	2021
20	付玲	国际光学工程学会	2022
21	王健	国际光学工程学会	2022
22	唐江	美国光学学会	2022
23	王泽敏	国际先进材料学会	2022
24	周印华	英国皇家化学学会	2022
25	胡彬	国际先进材料学会	2022
26	朱䓖	美国光学学会	2023
27	舒学文	美国光学学会	2023
28	冯丹	电气与电子工程师协会	2023
29	王健	电气与电子工程师协会	2023
30	黄亮	国际先进材料学会	2023

在研究生培养方面，研究中心积极打造研究平台，探索创新培养模式，组建高素质导师团队，营造国际交流的学术氛围，推出研究生能力提升计划，为研究生参与国际交流提供重要支撑。研究中心每年选派并资助

近百名学子赴国际知名科研机构进行短期合作交流或参加国际高水平学术会议，并拥有国际光学工程学会和美国光学学会的华中科技大学学生分会等活跃的研究生社团组织。广泛的国际交流与合作营造了良好的育人环境，助力学生树立远大理想。

SPIE市场部主任与SPIE
学生分会成员交流

SPIE/OSA学生分会参加
POEM & 第八届武汉光博会

OSA会员与OSA学生分会
成员交流

SPIE授予实验室
学子特别荣誉奖

学生分会成员参与各类学术活动

左鹏飞 2019届
Univ. of California,
Santa Barbara, USA
2018年11月—2019年11月
另出国参会6次

姚婷 2020届
Temple Univ., USA
2017年9月—2018年8月
另出国参会3次

张霁 2020届
New York Univ., USA
2019年10月—2020年4月
另出国参会3次

三位华为"天才少年"在读期间的海外交流经历

针对信息、能源、健康等方面遇到的严峻挑战，研究中心与美国冷泉港实验室、艾伦脑研究所、欧洲脑科学研究所、日本国立材料研究所等全球 40 余所机构就前沿领域开展深度科研合作。截至 2023 年，研究中心已成为美国冷泉港实验室、纽约城市大学、艾伦脑研究所等 10 余家知名大学科研院所的重要合作伙伴，共同合作发表 Science 论文 8 篇和 Nature 论文 9 篇，占研究中心所有已发表 Science 和 Nature 论文数量的 77.27%（17/22），Science 和 Nature 子刊论文共计 104 篇，国际合作发表论文总计为 2898 篇（数据来源：Web of Science，20231226）。

国际合作分布

国际合作与交流极大地推动了研究中心的发展，合作方式已从当初单纯的"引进来"，转变为现在的"走出去"，在部分领域的研究也已从跟跑到并跑，甚至领跑。踏上新征程，建功新时代。作为国家级重要科技高地，研究中心坚持把推动科技攻关、引领创新发展作为光荣的职责使命和强劲的发展动力，把持续对外开放、增强合作交流作为发展的内在要求和不竭的活力源泉，追梦光谷，逐电全球！

普及科学知识　助力提高全民素质

传播知识、运用知识、转化成果，最大限度发挥研究成果效能是研究中心作为国家战略科技力量的重要使命。研究中心高度重视科普宣传，充分利用国家级平台的资源优势与特色，在全国科技活动周、科普日带领科普团队"走出去"，带着自编的科普作品、自研且贴近生活的光电产品，向民众进行科普宣传。每年的5月份是研究中心的"科普月"，一年一度的"创意光电"科普大赛通过线上、线下相结合的方式向公众展示师生创作的科普作品，吸引了大批中小学生及民众的关注，更是将国际光日、科技活动周的活动推向高潮。

2010年4月15日，武汉光电国家实验室（筹）把"数字化虚拟人"软件成果捐赠给武汉科技馆，为推动武汉市科普事业的发展作出贡献。"数字化虚拟人"是华中科技大学武汉光电国家实验室（筹）Britton Chance生物医学光子学实验室多年研究的成果。该成果曾于2005年入选中国十大科技进展，2006年获湖北省科技进步奖一等奖。在此基础上开发的《中国数字人体三维可视化软件》，入选"十一五"国家重点电子出版物出版规划。

2019年3月，研究中心获批"湖北省科普教育基地"（2019—2023年度）。

2019年5月16日至5月24日举办的2019年国际光日暨科技活动周系列活动之首届"创意光电"科普大赛和展览，线上吸引关注和参与互动人数达两万余人次，大众预约现场参观人数达上千人，并经专家终审评选出图文、视频、游戏、展品四类26件优秀科普作品。创新的活动形式受到湖北省科协、武汉市科协及各级单位的大力支持和充分肯定。

2010年4月15日,华中科技大学副校长骆清铭等出席"数字化虚拟人"捐赠仪式

湖北省科协、武汉市科协、校科协的领导亲自为首届"创意光电"科普大赛获奖选手颁奖

2019年9月12日,武汉光电国家研究中心组织科普志愿者服务队亮相2019年湖北省全国科普日活动启动式暨湖北仙桃主场活动,并被评为湖北省全国科普日活动先进集体。

2020年5月,研究中心举办了第二届"创意光电"科普大赛,并结合"国际光日""激光60年"纪念日进行科普宣传。研究中心首次开启全国科技活动周科普直播,16位"追光人"现身直播间揭秘光电的神奇,本次直播2小时共吸引75余万网友观看,《湖北日报》、凤凰网等媒体争先报道。"武汉光电国家研究中心2020年科普云直播"被评为2020年全国科普日优秀活动。

2020年,研究中心选派胡玥副教授参加科普讲解大赛,获全国优秀奖、湖北省一等奖、武汉市一等奖,胡玥副教授还被聘为湖北省"荆楚科普大讲堂"报告团成员,获湖北省全国科普日活动先进个人。

胡玥副教授参加2020年湖北省暨武汉市科普讲解大赛,并荣获湖北省一等奖、武汉市一等奖

2021年5月,研究中心继续举办第三届"创意光电"科普大赛,并获评全国科技活动周先进单位、湖北省全国科普日优秀特色活动。由研究中心师生创作的41件"创意光电"科普大赛的优秀科普作品作为数字资源素材,被"变革性光科学与技术丛书"和"智能制造系列丛书及知识库"收录。

2021年5月26日,华中科技大学副校长张新亮教授在
第三届"创意光电"科普大赛颁奖典礼上致辞

2021年研究中心在全国科技活动周及重大示范活动中,积极参与,热情服务,表现优异,获科技部颁发的荣誉证书;在2021年湖北省全国科普日活动中被评为优秀活动单位。

41 件研究中心师生创作的光电科普作品被清华大学出版社承担的国家出版基金项目"变革性光科学与技术丛书"和"智能制造系列丛书及知识库"收录

获 2021 年全国科技活动周荣誉证书

获 2021 年湖北省全国科普日活动荣誉证书

2022 年，研究中心继续举办国际光日、科技活动周系列活动，亮相全国科普日湖北主场，举行第四届"创意光电"科普大赛，获 2022 年湖北省全国科普日优秀组织单位，1 人获 2022 年全国科技活动周先进个人。

第四届"创意光电"科普大赛

2022年，研究中心获得由中国科协、教育部、科技部、国务院国资委等7部门评选的全国首批"科学家精神教育基地"，以及由中国科协评选的"全国科普教育基地""科创筑梦助力双减试点单位"等荣誉，这些荣誉成为研究中心科普工作的重要里程碑。

科学家精神教育基地

全国科普教育基地

科创筑梦助力双减试点单位

为喜迎华中科技大学70周年校庆，学校开展"迎校庆，讲校史"活动。为弘扬和传承"科学家精神"，武汉光电国家研究中心于2022年5月26日特邀"武汉·中国光谷"首倡者黄德修教授作"倾50年光电情怀，庆华中大70华诞"主题报告。

黄德修教授作弘扬和传承"科学家精神"主题报告

积极参与湖北光谷实验室建设

光电子技术具有战略性、基础性、先导性等特征，是继微电子之后未来产业的"根技术"。中国具备在该技术领域率先突破的独特优势和潜力，在光电子技术领域的前瞻布局是实现换道引领、成就大国崛起的重要战略举措。目前，光电子技术存在"源头创新"不足、器件"空芯化"和装备"造不出"的问题和挑战。为贯彻习近平总书记重要指示精神，在光电子重大科学领域，有组织地开展战略性、前瞻性、基础性、先导性课题的科研工作，研究中心利用"武汉•中国光谷"的相关高校、科研院所、公司/企业科研力量和工业集团研究机构的优势，组建湖北光谷实验室（简称"光谷实验室"），围绕光电子技术与装备，进行共性基础、关键技术、核心装备、战略应用的全链条创新和突破。这一举措是实现光电子信息产业领域由"独树一帜"到"国际引领"，由"中国光谷"到"世界光谷"的关键。

2020年12月20日，湖北光谷实验室认定论证会在武汉光电国家研究中心圆满举行。

2021年2月17日，湖北省人民政府批复了由华中科技大学牵头，联合8家企事业单位组建湖北光谷实验室的提案；2021年2月18日，在召开的湖北省科技创新大会上，湖北光谷实验室正式揭牌成立。

研究中心积极推动湖北光谷实验室建设，近三年主要在以下几个方面取得阶段性进展。

| 湖北省政府 | 武汉市政府 | 东湖新技术开发区 |

湖北光谷实验室

| 建设牵头单位 | 共建单位 |

| 华中科技大学 |  中科院精密测量科学与技术创新研究院 | 中船重工集团七一七研究所 | 中国信息通信科技集团有限公司 |

YOFC 长飞光纤光缆股份有限公司	 华工科技产业股份有限公司
	Raycus 武汉锐科光纤激光技术股份有限公司	武汉华星光电半导体显示技术有限公司
	武汉中科医疗科技工业技术研究院有限公司	

湖北光谷实验室组建单位

一、坚持体制机制创新

多元投入 光谷实验室按照理事会上提出的"市场化理念"推动产研合作,以湖北省、武汉市、东湖新技术开发区科技计划项目为抓手,以共建单位优势科研力量为牵引,有效吸引光谷地区光电子创新企业加大研发投入。针对东湖新技术开发区2022年推出的"揭榜挂帅"项目,光谷实验室提前谋划,与区内科技型企业开展联合申报工作,最终所推荐的3个项目均入选第一批"揭榜挂帅"发榜方需求清单。光谷实验室在获批"光电产业知识产权运营中心"后,积极与长江产业投资集团、武汉光谷产业投资公司、上海网宿资本、锦朝资本等省内外知名投资机构沟通,推进"一室一园一基金"的天使基金设立工作。

人员管理 此前,研究中心与共建单位双聘引进科研人员近百人。在此基础上,光谷实验室进一步探索,联合进行招才引智、人才培育及协同项目攻关的机制创新。目前光谷实验室已与华中科技大学签订"室校"共建协议,并与相关院系签订补充协议,将高校科研人员参与光谷实验室建设的人才柔性引进机制落实到制度层面。

资源配置　结合科研项目执行情况，光谷实验室逐步探索"科研经费包干制"，制定科研经费管理办法，向科研团队逐步"放权"，由"监管制"向"信用承诺制"逐步过渡，进一步增强科研团队自主性。

二、坚持强化能力建设

方向与定位　在尤政院士的亲自指导下，光谷实验室工作专班对光电子信息产业领域的国家重大战略需求方向进行了优化凝练，明确了围绕"面向智能感知的光电融合芯片和微系统、面向高端制造业的先进激光器与制造装备、面向通信领域的化合物半导体器件及制造装备"三个重点方向来组织研究力量，布局研究任务，产出重大成果。

人才队伍　在"室校"共建协议的基础上，光谷实验室以重点项目为牵引，打通柔性引才实施路径，挖掘学校优势科研资源，全力推进校编人员以全时、兼职及承担项目的方式参与光谷实验室建设工作。建设以领军人才为核心、青年人才为骨干、专业工程师为基础的新型研发团队，截至目前，已全时引进学校高端人才科研团队5个。

科研任务　光谷实验室整合学校和共建单位优势科研力量，组建科研攻关团队。针对光电子领域重点方向的若干关键技术，光谷实验室先后设立19个创新科研项目开展攻关工作，在极紫外相干光源、量子点红外探测器、高速高精度飞秒激光微纳3D打印、激光雷达芯片、光电融合集成芯片等项目上取得阶段性进展，产出国内首款硫化铅胶体量子点（PbSC-QD）红外成像芯片，在国际上首次实现任意飞秒激光光场时空分布的单发测量。光谷实验室还围绕三大研究方向组织科研力量，创新立项过程管理，在经历遴选、初评、复评和终评，并综合评审意见后，重点启动微光机电扫描镜微系统、胶体量子点红外探测芯片、异质异构光电融合激光雷达、智能光电气体传感微系统、多计数阈值全数字硅光电倍增器等5个项目，力争产出重大成果。

成果转化　光谷实验室于2022年牵头申报"湖北省光电产业知识产权运营中心"，并成功获批，成为全省首批六家入选单位之一。该运营中心将依托学校光电工程A⁺优势学科的知识产权积累，结合共建单位华工科技产业股份有限公司在光电产业领域上下游的辐射和影响力,借助专业服务机构武汉派富知识产权运营有限公司的大数据分析及专利运营服务平台经验,围绕光谷实验室三大主要方向,培育和转化一批光电领域高价值专利,多方参与共建一个光电子产业专利池,并推动设立一只专利收储投资基金。

社会影响力　　光谷实验室于2022年推出了"光谷论坛"系列活动,先后邀请了李儒新、王立军、王华明、崔铁军、罗毅、祝世宁、骆清铭等院士专家、企业领军人才及高校青年科学家共同参与。论坛活动全程同步直播,吸引数万名观众在线观看,并与专家学者们"隔空"对话,探讨前沿科学问题。论坛活动的圆满举办促进了国内相关领域顶尖科学家与光谷地区科研院所及行业龙头企业之间的了解与互动。除此之外,光谷实验室协同武汉光电国家研究中心共同组织了2023年中国光学学会学术大会,第13届、第14届国际光子与光电子学会议,第15届生物医学光子学与成像技术国际学术研讨会,提升了光谷实验室在国内外行业领域的知名度和影响力。

华中科技大学70周年校庆光电校友论坛暨光谷论坛

2023 中国光学学会学术大会特色专题光谷论坛

三、秉持初心使命，争创国家实验室

光谷实验室自成立以来，坚决贯彻习近平总书记关于科技创新的重要论述，认真落实湖北省委省政府关于"积极争创国家实验室、建设高水平实验室"的部署要求，在各级政府的正确领导下，华中科技大学与各共建单位共同努力，推动光谷实验室各项工作扎实落地，为争创国家实验室打下坚实基础。时任湖北省委书记应勇、省政府王忠林省长，时任科技部部长王志刚、副部长张广军等都先后到光谷实验室视察和指导工作，坚定了光谷实验室争创国家实验室的初心和使命。

2022年6月，习近平总书记在武汉考察时指出，光电子信息产业是应用广泛的战略高技术产业。在总书记重要论述指引下，湖北省委省政府主要领导高度重视，加速推进光电子国家实验室创建工作。光谷实验室通过参与省级重大项目，以及与已建成国家实验室相关团队交流，深入调研国内已获批国家实验室的情况，并在广泛征求相关领域院士专家意见后，向中国工程院提交"关于在湖北武汉布局建设光谷国家实验室建议"和"光谷国家实验室组建方案"。

2023年1月,光谷实验室主任尤政院士受邀参加武汉市科技创新大会,明确提出创建光电子信息领域国家实验室。同年3月的两会期间,作为全国人大代表,尤政院士提交了《关于加快布局光电子信息领域国家实验室的建议》。12名驻鄂全国政协委员联名提交《关于充分发挥"独树一帜"优势加快实现科技自立自强的建议》,其中包括将光谷实验室打造成国家实验室。

2023年1月29日,中国科协副主席、中国工程院院士、华中科技大学校长、湖北光谷实验室主任尤政在武汉市科技创新大会作主题发言

两会聚焦 | 湖北代表团建议将光谷实验室打造为国家实验室，东湖论坛创建国家级

中国光谷 2023-03-13 13:10 发表于湖北

3月13日，十四届全国人大一次会议闭幕。本届全国两会，光谷相关话题频频亮相，代表委员就光电领域国家实验室、光电子产业独树一帜、东湖论坛等建言献策。以下为部分重点内容：

两会提案：湖北代表团建议将光谷实验室打造为国家实验室

结 语

二十年来，武汉光电国家研究中心牢记习近平总书记的指示精神，"必须坚持科技是第一生产力、人才是第一资源、创新是第一动力"，坚持贯彻落实立德树人根本任务，始终与地方经济发展同频共振、共生共荣，迈着铿锵脚步，追求卓越、勠力前行。

武汉光电国家研究中心建设历程

骐骥一跃，不能十步；驽马十驾，功不在舍。武汉光电国家研究中心作为国家科技创新体系中的创新基地，面向信息光电子、能量光电子、生命光电子三个领域，以与时俱进的精神、革故鼎新的勇气、坚韧不拔的定力，牢牢把握建设湖北光谷实验室和高端生物医学成像重大科技基础设施的历史机遇，为争创国家实验室、创建世界光谷砥砺奋进、再创辉煌，为逐步形成支撑光电产业可持续发展的核心能力，推进国家科技自立自强而不懈努力，勇攀高峰！

鸣 谢

　　武汉光电国家研究中心一路走来，逐渐壮大，离不开各级主管部门和学校的亲切关怀和大力支持，离不开校内各职能部门和相关院系的大力支持，离不开历任领导们的悉心指导，离不开全体师生的勠力同心，离不开全球友人的关心帮助，在此一并致以诚挚的感谢！

附录

发展大事记

2003 年

2003 年 10 月，武汉光电国家实验室（筹）大楼奠基。实验室选址在东湖之滨的喻家湖路，占地面积 60 亩。

2003 年 11 月 25 日，科技部正式批准筹建武汉光电国家实验室（筹）（国科基字〔2003〕389 号文）。

2004 年

2004 年 1 月，学校印发《关于成立武汉光电国家实验室华中科技大学筹备工作组》的通知，由李培根任组长，黄德修任副组长。

2004 年 2 月 5 日，《武汉光电国家实验室（筹）理事会章程》正式通过并组成临时理事会。

2004 年 3 月，华中科技大学党委发文（校党〔2004〕8 号），聘叶朝辉任武汉光电国家实验室（筹）主任；聘李培根任武汉光电国家实验室（筹）常务副主任（兼）；聘黄德修任武汉光电国家实验室（筹）副主任；聘林林任主任助理兼办公室主任。

2004 年 6 月，湖北省科技厅正式批复，同意成立武汉光电国家实验室（筹）理事会。

2005 年

2005 年 7—12 月，武汉光电国家实验室（筹）决定成立 9 个研究部：基础光子学研究部、光电子器件与集成研究部、激光科学与技术研究部、光电材料与微纳制造研究部、微光机电系统研究部、光电信息存储研究部、生物医学光子学研究部、光通信与智能网络研究部、空间光子学研究部，并公开招聘各研究部筹备组组长。

2005 年 7 月，华中科技大学党委常委会研究决定，成立武汉光电国家实验室（筹）党总支，任命林林为党总支书记。

2005 年 8 月，武汉光电国家实验室（筹）召开第一次常务理事会会议，会议决定由华中科技大学校长李培根院士任理事长，王延觉副校长任实验室常务副主任。

2005 年 11 月，武汉光电国家实验室（筹）大楼正式投入使用，面积为 4.5 万平方米。

2006 年

2006 年 11 月，武汉光电国家实验室（筹）学术咨询委员会成立，并召开第一次会议。

2006 年 11 月，武汉光电国家实验室（筹）顺利通过了由科技部组织专家进行的国家实验室建设计划可行性论证。

2006 年 11 月，武汉光电国家实验室（筹）获批教育部和国家外专局"高等学校学科创新引智计划"（简称"111 计划"）。

2007 年

2007 年 1 月，湖北省光电测试服务中心在武汉光电国家实验室（筹）

正式挂牌成立。

2007年3月，经理事会同意，聘骆清铭教授任武汉光电国家实验室（筹）常务副主任，谢长生为副主任。

2007年7月，聘姚建铨院士为武汉光电国家实验室（筹）副主任。

2007年8月20日，"光学工程"获批为一级学科国家重点学科（教研函〔2007〕4号文）。

2008年

2008年8月，武汉光电国家实验室（筹）获批教育部光学工程创新创业教育人才培养实验区。

2008年9月，武汉光电国家实验室（筹）特聘专家Britton Chance获中国政府友谊奖。

2008年12月，武汉光电国家实验室（筹）获批中央组织部"海外高层次人才创新创业基地"（首批20家之一）。

2009年

2009年3月，武汉光电国家实验室（筹）理事会通过，由丁烈云任理事长。

2009年9月1日，国家自然科学基金委员会批准资助了创新研究群体28个，武汉光电国家实验室（筹）获批国家自然科学基金委员会创新研究群体项目——生物核磁共振波谱学创新研究群体。

2009年12月，武汉光电国家实验室（筹）获得2009年度国家科技奖励3项。其中，由吴颖、杨晓雪完成的"微器件光学及其相关现象的研究"项目成果获得国家自然科学奖二等奖；由唐建博、鲍晓静、曹宇清、胡宗意、卢雁、黄盖云、杨长城、段纪军、段涛、唐忆东等人完成的"X型导航仪"项目成果获得国家科技进步奖二等奖；外籍专家Britton

Chance 获得中华人民共和国国际科学技术合作奖。

2010 年

2010 年 1 月，中国科学院外籍院士、美国佐治亚理工学院王中林教授被聘为武汉光电国家实验室（筹）海外主任。

2010 年 1 月 22 日，时任中共中央政治局常委、中央书记处书记、国家副主席习近平莅临武汉光电国家实验室（筹）视察。

2010 年 7 月，以欧洲科学院院士、染料敏化太阳能电池发明人、瑞士洛桑联邦理工学院迈克尔·格兰泽尔（Michael Grätzel）教授名字命名的格兰泽尔介观太阳能电池研究中心在武汉光电国家实验室（筹）正式揭牌。

2010 年 11 月 6 日，武汉光电国家实验室（筹）学术委员会成立并举行第一次会议，会议推选周炳琨院士为实验室学术委员会主任委员。

2010 年 10 月 22 日，时任中共中央政治局常委、国务院总理温家宝考察武汉光电国家实验室（筹）。

2010 年 12 月 3 日，武汉光电国家实验室（筹）骆清铭教授团队在 *Science* 刊发题为 "Micro-optical sectioning tomography to obtain a high-resolution atlas of the mouse brain" 的论文。

2011 年

2011 年 1 月，在 2010 年度国家科学技术奖励大会上，武汉光电国家实验室（筹）共获国家科技奖 2 项，其中：骆清铭、赵元弟、曾绍群、李鹏程、张智红等人完成的"生物功能的飞秒激光光学成像机理研究"项目成果获得国家自然科学奖二等奖；刘德明、柯昌剑、张敏明、黄德修、朱松林、苏婕等人完成的"基于 SOA 的无源光网络接入扩容与距离延伸技术"项目成果获得国家技术发明奖二等奖。

2011年6月2日，时任中共中央总书记、国家主席、中央军委主席胡锦涛莅临武汉光电国家实验室（筹）视察，听取实验室的科技成果汇报，勉励科研人员取得更多原创性科研成果。

2011年8月，武汉光电国家实验室（筹）2006级博士研究生丁运鸿同学荣获"第七届中国青少年科技创新奖"并参加在人民大会堂举行的颁奖大会。

2011年8月，格兰泽尔介观太阳能电池研究中心顾问教授、瑞士联邦理工大学教授、著名光化学家迈克尔·格兰泽尔来到武汉光电国家实验室（筹）进行系列学术访问，并被华中科技大学授予为名誉博士。

2011年11月，美国四院院士、加州大学圣地亚哥分校教授钱煦来校参加2011年中国生物医学工程联合学术年会和第四届国际光子与光电子学会议（POEM 2011），并被华中科技大学授予为名誉博士。

2011年12月，武汉光电国家实验室（筹）从华中科技大学相关院系调入科研人员100余名，成立光电子器件与集成功能实验室、生物医学光子学功能实验室、激光与太赫兹技术功能实验室、能源光子学功能实验室、信息存储与光显示功能实验室五个实体化功能实验室，并在中船重工集团七一七研究所成立了光子探测与辐射功能实验室。此次组织机构调整是武汉光电国家实验室（筹）在体制机制建设上积极的探索，是武汉光电国家实验室（筹）发展过程中重要的里程碑。

2012 年

2012年1月，武汉光电国家实验室（筹）博士研究生丁运鸿同学获中国光学学会2011年度王大珩光学奖学生奖。

2012年1月，武汉光电国家实验室（筹）研究成果"显微光学切片层析成像获取小鼠全脑高分辨率图谱"入选2011年度中国科学十大进展。

2012年8月，武汉光电国家实验室（筹）首届独立招收的326名硕士、博士研究生入学，8月31日在实验室D区隆重举行了2012级研究生新生开学典礼。

2012年9月，武汉光电国家实验室（筹）骆清铭教授领衔的国家自然科学基金委员会创新研究群体项目——生物医学光子学创新研究群体获批。

2012年9月，武汉光电国家实验室（筹）青年学者王健的一项研究成果同时受到两大国际知名学术期刊的青睐，*Nature Photonics* 和 *Science* 先后载文发表。

2012年10月，武汉光电工业技术研究院有限公司由武汉市人民政府和华中科技大学共建，以独立法人的形式，授权管理和使用依托单位和组建单位在武汉光电国家实验室（筹）支持下所获得的知识产权。它将以创新的机制，为加快促进光电产业升级和科技创新成果快速有效转化服务。

2012年12月，中国科学技术信息研究所在北京举办中国科技论文统计结果发布会，武汉光电国家实验室（筹）博士后徐凌的论文入选2007—2011年"中国百篇最具影响国内学术论文"。

● 2013 年 ●

2013年1月28日，华中科技大学与中国运载火箭技术研究院签署战略合作框架协议，武汉光电国家实验室（筹）与首都航天机械有限公司签署了共建"增材制造技术"联合实验室等多项合作协议。

2013年1月29日，教育部学位与研究生教育发展中心发布第三轮学科评估结果，由武汉光电国家实验室（筹）与华中科技大学相关院系共建的光学工程学科名列全国第一（并列），生物医学工程学科排名全国第三（并列）。

2013年2月28日，武汉光电工业技术研究院有限公司第一届理事会第一次全体会议在东湖新技术开发区未来科技城举行，会议决定由武汉市市长唐良智任名誉理事长，华中科技大学校长李培根任理事长，华中科技大学副校长骆清铭任院长，武汉光电国家实验室（筹）刘谦教授任常务副院长。

2013年5月，武汉光电国家实验室（筹）能源光子学功能实验室周军教授课题组两篇研究论文分别入选材料科学及化学领域 ESI 热点论文（ESI Hot Papers）和 ESI 高被引论文（ESI Highly Cited Papers）。除此之外，周军教授课题组还有另外一篇研究论文于 2011 年入选材料科学领域 ESI 高被引论文。

2013 年 5 月 23 日，武汉光电工业技术研究院有限公司挂牌成立。

2013 年 11 月 17 日，武汉光电国家实验室（筹）举行了 2013 年学术委员会会议暨建设十周年工作汇报会。

2014 年

2014 年 7 月 18 日，Science 刊发了武汉光电国家实验室（筹）格兰泽尔介观太阳能电池研究中心韩宏伟教授团队的论文"A hole-conductor free, fully printable mesoscopic perovskite solar cell with high stability"。

2014 年 9 月 26—27 日，华中科技大学副校长、武汉光电国家实验室（筹）常务副主任骆清铭率团访问瑞士洛桑联邦理工学院（EPFL）。双方就加强科学研究与人才培养等方面的合作达成共识，签署两校合作框架协议。

2014 年 10 月 28 日，"标致雪铁龙-武汉光电国家实验室（筹）联合开放实验室"成立仪式和"清洁能源与智能梦幻汽车国际研讨会暨（标致雪铁龙）科学与技术探索联盟实验室第一届亚洲会议"开幕式在武汉光电国家实验室（筹）A101 会议室隆重举行。

2014 年 11 月，武汉光电国家实验室（筹）曾晓雁教授当选为 2015—2017 年美国激光学会（LIA）理事会委员，在此轮当选的 12 位理事会委员中，曾晓雁教授是唯一一位中国籍教授。

2015 年

2015 年 1 月 9 日，武汉光电国家实验室（筹）获 2014 年度国家科技奖励三项：骆清铭教授团队完成的"单细胞分辨的全脑显微光学切片断层成像技术与仪器"获得国家技术发明奖二等奖（第一完成单位）；冯丹教授团队完成的"主动对象海量存储系统及关键技术"获得国家技术发明奖二等奖（第一完成单位）；曾晓雁教授为第二完成人参与完成的"高耐性酵母关键技术研究与产业化"获得国家科技进步奖二等奖（第四完成单位）。

2015年4月15—19日，第43届日内瓦国际发明展在瑞士日内瓦举行，我校组织参展项目最终斩获3金3银1铜的好成绩。其中：武汉光电国家实验室（筹）谢长生教授团队"大容量光盘库"、余宇副教授团队"400G集成相干接收机"、刘世元教授团队"高精度宽光谱穆勒矩阵椭偏仪及纳米结构形貌无损测量方法"3个项目获得金奖。

2015年4月24日，光电信息大楼可行性研究报告获教育部批复。

2015年5月27日，教育部在清华大学举行试点国家实验室总结验收与发展规划评估会议，武汉光电国家实验室（筹）顺利通过评估并被推荐参加下一步国家组织的验收工作。

2015年5月29日，科技部副部长侯建国院士带队到武汉光电国家实验室（筹）开展调研工作，侯院士充分肯定实验室在学科建设及全链条一体化创新方面取得的进展，并对实验室下一步的发展规划给予指导。

2015年6月13—20日，为迎接联合国"光和光基技术国际年"，武汉光电国家实验室（筹）联合国内外光电子领域知名学术机构和组织，发起了"2015国际光学年·武汉光子周"系列活动，近千名研究人员和投资者共襄盛会，分享全球光电领域最新科技进展。

2015年9月8日，华中科技大学与东湖新技术开发区签订升级版武汉光电国家实验室（筹）共建协议，共同推进光电信息大楼建设。

2015年9月22日，光电子技术湖北省协同创新中心工作交流会在武汉光电国家实验室（筹）召开。华中科技大学作为牵头单位与湖北汽车工业学院、湖北文理学院、武汉邮电科学研究院、中国科学院武汉物理与数学研究所等十家协同单位共同商讨协同创新中心的发展规划与管理机制。

2015年9月22日，武汉光电国家实验室（筹）举办第100期武汉光电论坛，主讲人为中国科学院院士、南京工业大学校长黄维，其在题目为

"有机电子学最新进展"的报告中指出，光加碳是 21 世纪有机电子发展的新方向。

2015 年 10 月 29 日，武汉光电国家实验室（筹）副教授陈炜合作研究论文 "Efficient and stable large-area perovskite solar cells with inorganic charge extraction layers" 在 *Science* 发表。

2015 年 11 月 12—14 日，武汉光电国家实验室（筹）和武汉光电工业技术研究院有限公司联合参展武汉光博会，受到广泛关注，获得本届光博会"最佳人气奖"。

2015 年 11 月，武汉光电国家实验室（筹）主办的期刊 *Frontiers of Optoelectronics* 获评"2015 年第一届中国高校特色英文期刊"和"2015 中国国际影响力优秀学术期刊"，同年被 ESCI 数据库和 EI 数据库收录。

2015 年 12 月 7 日，中国工程院公布了 2015 年中国工程院院士增选结果，余少华当选中国工程院院士。

2015 年 12 月 18 日，武汉光电国际合作联合实验室立项论证会顺利召开，专家组对立项工作进行了审查，并同意启动武汉光电国际合作联合实验室建设工作。

2015 年 12 月，自然出版集团发布增刊《2015 自然指数·中国》，提及"在武汉，华中科技大学武汉光电国家实验室非常抢眼，他们在太阳能电池等领域的研究尤为突出。"

2016 年

2016 年 2 月 13—18 日，武汉光电国家实验室（筹）携手武汉光电工业技术研究院有限公司共同参加在美国旧金山举行的"2016 美国西部光电子会议及展览会"（Photonics West 2016），并于 2 月 17 日联手举办了"第二届 Photonics West-WNLO 发展战略研讨会"，SPIE 主席 Glenn Boreman、OSA CEO Liz Rogan、美国圣路易斯华盛顿大学汪立宏教授等 86 名国际学术组织高层、专家学者、业界同行应邀到会。

2016年3月9日,中国特色国家实验室建设研讨会召开,中国工程院组织的专家组在听取汇报和充分调研实验室建设成效的基础上,共同探讨了武汉光电国家实验室(筹)发展中的成绩、存在的问题,并对实验室未来的发展作了展望。

2016年3月31日,中共华中科技大学武汉光电国家实验室(筹)党委第一次党员代表大会顺利召开,会议选举产生了第一届党委会成员和纪委会成员。

2016年4月,为更好地推动"两学一做"学习教育,理顺和规范武汉光电国家实验室(筹)党组织架构,实验室党委开展支部设置调整工作。原有23个教工学生纵向党支部,经过调整及换届选举后,变更为7个教工党支部和18个学生党支部。

2016年6月8日,武汉光电国家实验室(筹)召开基层工会委员会、二级教职工代表大会,两代会教职工代表出席会议,会议选举产生了新一届基层工会委员会和武汉光电国家实验室(筹)两代会代表。

2016年7月28日,武汉光电工业技术研究院有限公司建设的光电显示国家专业化众创空间成功入选科技部公布的首批17家国家专业化众创空间示范名单。

2016年8月8日,中央电视台《新闻联播》节目头条栏目《改革调研行》,将武汉光电国家实验室(筹)脑连接图谱研究成果作为我国原创性、重大基础科研的典型代表进行了重点报道。

2016年10月,光电信息大楼破土动工。

2016年11月,美国光学学会发布了2017年度当选会士名单,*Frontiers of Optoelectronics*期刊编委刘旭、田捷、闫连山和张新亮四位教授当选为美国光学学会会士(OSA Fellow)。

2016年11月18日,光电子技术湖北省协同创新中心2016年度工作交流会召开。光电子技术湖北省协同创新中心于2014年获批立项,由华中科技大学武汉光电国家实验室(筹)牵头,协同华中科技大学光电信息学院、湖北汽车工业学院和湖北文理学院,以武汉光电工业技术研究院有限公司为成果转化平台,联合华工科技、烽火科技、长飞光纤等骨干企业协同攻关,支持武汉东湖国家自主创新示范区的可持续发展。

2016 年 11 月，*Frontiers of Optoelectronics* 期刊荣获"中国高校优秀科技期刊"和"中国国际影响力优秀学术期刊"。

2016 年 12 月，依托武汉光电国家实验室（筹），光电转换与探测国际联合研究中心被科技部认定为国家级国际联合研究中心（国家国际科技合作基地）。

2016 年 12 月，教育部科技司对国家生命领域 156 个重点实验室进行五年期评估，经过初评、现场考察和综合评议，我校生物医学光子学教育部重点实验室被评为优秀。

2017 年

2017 年 4 月 19—20 日，多模态跨尺度生物医学成像设施大楼建设启动会暨设施用户需求研讨会召开。

2017 年 5 月 26 日，多模态跨尺度生物医学成像设施项目建议书预审会在武汉光电国家实验室（筹）召开。

2017 年 6 月 10 日，武汉光电国家实验室（筹）召开 2017 年常务理事会会议，实验室主任叶朝辉院士主持会议。会议总结了实验室筹建以来取得的成绩，审议了验收评估材料，并对实验室今后的发展规划进行探讨。

2017 年 9 月 21 日，教育部、财政部、国家发展改革委公布世界一流大学和一流学科建设高校及建设学科名单，我校入选一流大学建设高校（A 类）名单，8 个学科入选一流学科建设名单，其中包括武汉光电国家实验室（筹）支撑建设的光学工程、计算机科学与技术 2 个学科。

2017 年 9 月 27 日，第十四届生物医学光子学与成像技术国际学术研讨会（PIBM 2017）在苏州国际博览中心盛大开幕。本届盛会首次由中国光学工程学会、美国光学学会、华中科技大学和武汉光电国家实验室（筹）联合主办，首次成为美国光学学会的 Topical Meeting，也是历届会议中规模最大的一次。

2017 年 11 月 21 日，科技部发布了《关于批准组建北京分子科学等 6 个国家研究中心的通知》，由华中科技大学担任组建单位的武汉光电国家研究中心同时获批。历经14年的武汉光电国家实验室（筹）迎来了新的发展机遇。

2017年11月27日，华中科技大学光电信息大楼主体结构全面封顶。

2017年11月，*Frontiers of Optoelectronics*期刊荣获"中国国际影响力优秀学术期刊"，这也是其连续两年（2016年、2017年）获此殊荣。

2017年12月28日，教育部学位与研究生教育发展中心公布第四轮学科评估结果。华中科技大学44个学科参评，全部上榜。14个学科进入A类，其中武汉光电国家研究中心支撑建设的光学工程、生物医学工程2个学科进入A^+类，计算机科学与技术学科进入A类。

2018年

2018年2月2日，科技部批准组建武汉光电国家研究中心入选湖北省2017年度"十大科技事件"。

2018年3月22日，武汉光电国家研究中心建设运行实施方案通过科技部基础研究司组织的专家的一致性论证。

2018年6月11日，武汉光电国家研究中心举行华中科技大学-深圳市腾讯计算机系统有限公司"智能云存储技术联合研究中心"成立暨揭牌仪式。

2018年6月26日，武汉光电国家研究中心承办的学术期刊*Journal of Innovative Optical Health Sciences*影响因子上升为1.136。

2018年9月，武汉光电国家研究中心冯丹教授领衔的国家自然科学基金委员会创新研究群体——大数据存储与技术创新研究群体获批。

2018年9月21日，*Science*刊发韩宏伟教授团队合作论文"Challenges for commercializing perovskite solar cells"。

2018年11月8日，*Nature*刊发唐江教授团队与美国托莱多大学鄢炎发教授合作论文"Efficient and stable emission of warm-white light from lead-free halide double perovskites"。

2018年11月10日，武汉光电工业技术研究院有限公司荣获湖北省级技术转移示范机构认定。

2018年11月,CCTV科教频道将"对'脑'的开发与探索工作"纳入科教宣传的主题之一,以纪录片的形式将华中科技大学苏州脑空间信息研究院脑样本制备、全脑显微成像、脑连接图谱的绘制等工作对外展示。

2018年12月,国际光学工程学会向武汉光电国家研究中心赠牌,庆祝国际光学工程学会华中科技大学学生分会成立十周年。

2019年

2019年3月21日,由教育部科技司组织的武汉光电国际合作联合实验室验收论证会在武汉光电国家研究中心举行,专家组经过听取汇报、现场考察、材料查阅与质询等环节,一致同意建设三年的武汉光电国际合作联合实验室通过验收。

2019年4月24日,华中科技大学-上海威固信息技术股份有限公司"智能存储技术联合研究中心"成立。

2019年6月7日,新华社报道称,武汉光电国家研究中心谢庆国教授团队发明的全数字PET/CT通过国家药品监督管理局注册审批,获得市场准入和对外销售资质。这意味着国产全数字PET打破国际技术垄断,我国高端医疗仪器开发取得重大突破。

2019年9月,武汉光电国家研究中心周欣研究员领衔的国家自然科学基金委员会创新研究群体项目——生命波谱与成像创新研究群体获批。

2019年10月30日,2019软科中国最好学科排名正式发布,由武汉光电国家研究中心和华中科技大学相关学科共建、支撑的光学工程学科在此次排名中蝉联第一,其综合排名分数遥遥领先。

2019年11月6日,武汉光电国家研究中心主办的国际期刊 *Frontiers of Optoelectronics* 入选中国科技期刊卓越行动计划2019年度梯队期刊项目。

2019年11月15日,*Science* 刊发了武汉光电国家研究中心夏宝玉教授团队在高效长寿命铂合金催化剂的最新研究论文"Engineering bunched Pt-Ni alloy nanocages for efficient oxygen reduction in practical fuel cells"。

2019年11月22日，中国科学院公布了2019年院士增选结果，武汉光电国家研究中心主任骆清铭教授当选为中国科学院院士。

2019年12月21日，华中科技大学光电信息大楼举行启用仪式，同时还举行了武汉光电国家研究中心建设运行管理委员会会议和武汉光电国家研究中心2019年学术委员会会议。

2020年

2020年1月2—4日，影像医学学科发展战略研讨会在海南大学召开。

2020年3月9日，武汉光电国家研究中心召开了知识产权与成果转化政策在线解读与交流会。

2020年8月13日，华中科技大学-华为技术有限公司"新型存储技术创新中心"签约大会及揭牌仪式在武汉光电国家研究中心举行。

2020年9月，武汉光电国家研究中心陆培祥教授领衔的国家自然科学基金委员会创新研究群体项目——强场超快光学创新研究群体获批。

2020年9月9—11日，武汉光电国家研究中心携可印刷介观钙钛矿太阳能电池、薄膜铌酸锂电光调制芯片等一批核心技术重装亮相第22届中国国际光电博览会。

2020年9月11日，*Science*以First Release的形式刊发了武汉光电国家研究中心周军教授团队最新研究进展"Thermosensitive-crystallization boosted liquid thermocells for low-grade heat harvesting"。

2020年10月15日，高等教育评价专业机构软科正式发布"2020软科中国最好学科排名"，排名榜单包括96个一级学科。光学工程学科共有50所大学上榜，华中科技大学由武汉光电国家研究中心支撑的光学工程学科排名位列第一。

2020年11月10日，武汉光电国家研究中心建设运行管理委员会会议、学术委员会会议顺利召开。

2020年11月18日，全球领先的专业信息服务提供商科睿唯安发布2020年度高被引科学家名单。武汉光电国家研究中心唐江、周军两位教授以其卓越的研究成果荣登该榜单。

2020年12月20日，湖北光谷实验室认定论证会在武汉光电国家研究中心举行，与会专家听取了研究中心副主任周军教授关于"湖北光谷实验室建设运行方案"的汇报并提出意见和建议。

2020年12月31日，武汉光电国家研究中心生物医学光子学功能实验室教工党支部成功入选第二批教育部高校"双带头人"教师党支部书记工作室建设单位。

2021年

2021年2月18日，湖北省科技创新大会隆重举行。大会宣布启动湖北实验室建设，首批7个湖北实验室集中揭牌。其中，在光电科学领域，由华中科技大学牵头组建湖北光谷实验室。湖北光谷实验室立足"武汉·中国光谷"优势产学研资源平台，对标国家实验室，力争成为我国光电领域顶级实验室。湖北光谷实验室的组建，推动了"光芯屏端网"和大健康万亿级产业集群发展，为"武汉·中国光谷"迈向世界光谷提供了战略支撑。

2021年3月，《中国科学报》发布了"2020中国科学院年度人物和年度团队"，武汉光电国家研究中心周欣教授因其卓越的贡献荣登"2020中国科学院年度人物"榜单。

2021年3月24日，湖北省委书记应勇来华中科技大学调研湖北光谷实验室建设。他强调，要深入贯彻落实习近平总书记关于科技创新的重要论述，坚定不移实施创新驱动发展战略，把科技创新摆在更加突出的位置、置于更加优先的发展方向，加快科技强省建设，切实把湖北科教资源优势转化为创新优势、人才优势、发展优势。既要抓好顶层设计、战略规划，又要抓好落实、落地，切实把7个湖北实验室和重大科研设施建设好，将其作用发挥好。

2021年4月14日，华中科技大学-华为技术有限公司"变革性存储技术创新中心"签约大会暨第一年度研究课题开工会在武汉光电国家研究中心举行，会议由研究中心副主任朱芃教授主持。

2021年5月14日，湖北光谷实验室理事会第一次会议在华中科技大学召开，湖北省委副书记、省长，湖北光谷实验室理事会理事长王忠林出席会议并讲话。

2021年7月9日，Science 在线发表了陶光明教授团队和浙江大学光电科学与工程学院马耀光研究小组合作的题为"Hierarchical-morphology metafabric for scalable passive daytime radiative cooling"的研究论文。

2021年7月12—13日，高端生物医学成像重大科技基础设施项目可行性研究报告评估会顺利召开。

2021年8月18日，Nature 发表李培宁教授、张新亮教授团队极化激元光学重要研究进展。李培宁、张新亮教授团队同新加坡国立大学、国家纳米科学中心、纽约州立大学等单位合作，突破性证明了传统的双折射晶体中存在"幽灵"双曲极化激元电磁波，该成果革新了极化激元基础物理的"教科书"定义，对凝聚态物理、光物理、电磁学等领域的基础原创研究具有重要指导意义。

2021年8月19日，Science 在线发表了缪向水教授、叶镭教授团队题为"2D materials-based homogeneous transistor-memory architecture for neuromorphic hardware"的研究论文。该成果突破了信息传感、存储和计算之间信息交换时存在的性能瓶颈，创新性地提出了一种同质晶体管-存储器架构和新型类脑神经形态硬件，成为未来颠覆性传感-存储-计算一体化的类脑智能和革命性非冯·诺依曼计算体系的一缕曙光。

2021年9月8日，武汉光电国家研究中心李培宁教授的合作研究论文"Interface nano-optics with van der Waals polaritons"刊发于 Nature。

2021年9月11日，2021年湖北省全国科普日启动式暨主场活动在湖北省科技馆新馆举行。武汉光电国家研究中心组织科普志愿者服务队亮相全国科普日展会，从多角度向广大民众普及科学知识，展现科学技术在当代社会的价值与魅力。

2021年9月25日，国家重点研发计划"增材制造与激光制造"重点专项"激光强化技术在航空航天和轨道交通领域的工业示范应用（2016YFB1102600）"项目的课题验收会在武汉召开。科技部高技术中心委派的专家组现场考察了钢轨激光淬火加工车的作业过程，听取了5个课题执行情况汇报，审查了相关材料，经质询和讨论，高度肯定了项目的研究成果，该项目全部5个课题的绩效评价均为优秀。

2021年9月26日，中共华中科技大学武汉光电国家研究中心党委第二次党员代表大会在光电信息大楼C118室召开。研究中心师生党员代表共138人参加了本次大会。大会选举产生了新一届党委委员和纪委委员，会议由研究中心党委书记夏松主持。

2021年9月26日，"航天科工杯"2021年中国青年创新创业交流营暨第八届"创青春"中国青年创新创业大赛（科技创新专项）决赛在武汉隆重举行。武汉光电国家研究中心的2支队伍在众多参赛队伍中脱颖而出，获得一金一铜的佳绩。

2021年9月27—29日，武汉光电国家研究中心第六届研究生学术年会顺利举行。学术年会海报展示在光电信息大楼C区1楼大厅，来自能源光子学功能实验室、激光与太赫兹技术功能实验室、光电子器件与集成功能实验室、信息存储与光显示功能实验室、生物医学光子学功能实验室和精测院的300余名研究生相继在所属专业领域进行成果展示。

2021年9月30日上午，湖北光谷实验室组织召开管理委员会第一次会议。叶朝辉院士、黄维院士等实验室管理委员会成员及共建单位代表参加了此次会议，湖北省科技厅基础研究处处长王锦举等莅临指导。

2021年10月7日，武汉光电国家研究中心骆清铭院士、龚辉教授团队的4篇合作研究论文刊发于 Nature，这4篇论文题目分别是"Morphological diversity of single neurons in molecularly defined cell types""The mouse cortico-basal ganglia-thalamic network""Cellular anatomy of the mouse primary motor cortex""A multimodal cell census and atlas of the mammalian primary motor cortex"。

2021年10月9日，国际纺织旗舰盛会——2021中国国际纺织面料及辅料（秋冬）博览会在国家会展中心（上海）开幕。武汉光电国家研究中心陶光明教授和陈敏教授联合团队（智能织物工坊）的成果亮相场馆的数字时尚创新空间展区，该展区以展示和推广先进数字创新技术为核心，为参与展会的纺织服装专业人士带来了一次全新的数字科技创新展示。

2021年10月12—15日，在第七届中国国际"互联网＋"大学生创新创业大赛总决赛中，武汉光电国家研究中心团队以"数据库智能管家的创新与探索和原创成像光学""打开新颖视界"两个项目分别获得金、银双奖的佳绩，名列全校第一。

2021年10月21—27日，国家"十三五"科技创新成就展在北京展览馆举行，并向社会公众免费开放，本次展览以"创新驱动发展 迈向科技强国"为主题。武汉光电国家研究中心张新亮教授和董建绩教授科研成果"超宽带可重构光子运算集成芯片"、王健教授团队研究成果"高速大容量智能多维复用与处理芯片"均以实物形式亮相本次展览。

2021年10月底，武汉光电国家研究中心学子在第十七届挑战杯"黑科技"专项赛中，获"恒星"级作品一项，"行星"级作品两项。

2021年11月18日，中国科学院2021年度院士增选结果公布，武汉光电国家研究中心刘买利副主任当选中国科学院院士。

2021年11月20日，武汉光电国家研究中心研究部建设规划专家论证评审会议在光电信息大楼顺利举行。研究中心学术委员会主任叶朝辉院士代表评审专家表示：经过论证委员会专家组评议，初步同意按照此方案推进研究部的建设，并希望研究部根据此次评审意见作出细节修改，完成使命，打造光电领域的国家战略科技力量。

2021年12月，"创意光电"优秀科普作品被国家出版基金项目收录，清华大学出版社承担的国家出版基金项目"变革性光科学与技术丛书"和"智能制造系列丛书及知识库"收录了41件由武汉光电国家研究中心师生创作的光电科普作品。本次入选这两套丛书的科普作品均是武汉光电国家研究中心"创意光电"科普大赛的优秀作品。

2021年12月，武汉光电国家研究中心科普工作获科技部、湖北省科协多项表彰。在2021年全国科技活动周及重大示范活动中，武汉光电国家研究中心积极参与，热情服务，表现优异，被全国科技活动周组委会办公室、科技部科技人才与科学普及司表彰，同期获得表彰的还有研究中心党委书记夏松。

2021年12月12日，科技部党组书记、部长王志刚调研武汉光电国家研究中心、湖北光谷实验室。华中科技大学校长尤政从战略定位、组建思路、建设目标、设施基础、发展方向等方面汇报了湖北光谷实验室相关工作；副校长张新亮和湖北光谷实验室有关科研人员介绍了相关项目研究进展。

2021年12月14日，中国生物医学工程学会公布了2020—2021年度黄家驷生物医学工程奖获奖名单。武汉光电国家研究中心主任骆清铭院士团队荣获技术发明类一等奖。

2021年12月中旬，第八届"创青春"中国青年创新创业大赛收官，在举办的交流营和颁奖活动中，武汉光电国家研究中心"睿芯红外——新一代短波红外成像芯片开拓者"获评"最具发展潜力项目"（全国共5个）。

2021年12月16日，武汉光电国家研究中心第一届学术委员会第四次会议暨湖北光谷实验室第一届学术委员会第一次会议在光电信息大楼顺利召开。会议采用线上、线下相结合的方式进行，叶朝辉、黄维、陈洪渊、段树民、龚旗煌、顾敏、顾瑛、郝跃、姜会林、刘明、骆清铭、罗先刚、王中林、赵继宗等14位院士、委员组成的专家组通过线上方式出席了会议。

2021年12月18—20日，首届全国博士后创新创业大赛在广东省佛山市举行。华中科技大学组队参赛，经过路演答辩、专家评审等程序的激烈角逐，共斩获6项银奖，其中4项银奖来自武汉光电国家研究中心，研究中心巫皓迪团队和鲁帅成团队荣获创新赛银奖，孙昊骋团队和姚应涛团队荣获创业赛银奖。

2021年12月底，中央文明办发布2021年11月"中国好人榜"，放弃国外优越的科研条件、优厚的生活待遇和得之不易的永久职位，毅然决然地携家人回到母校重执教鞭，投身祖国和人民的高等教育事业的武汉光电国家研究中心缪向水教授上榜，获此殊荣。

2021年12月30日，2021年度中国光学领域十大社会影响力事件（Light 10）评选结果公布，研究中心骆清铭教授团队"全脑光学高清成像领域新突破"、闫大鹏教授团队"超高功率工业光纤激光器"、陶光明教授团队"无源制冷光学超材料织物"等3项成果上榜。

2022 年

2022年1月26日，"2021年度中国半导体十大研究进展"发布，叶镭教授、缪向水教授团队研究成果入选。该团队与中国科学院上海技术物理研究所胡伟达团队合作，创新性地基于二维半导体的硅基同质器件，首次提出了类脑功能的传感、存储、计算一体化的神经形态芯片架构，实现了光电传感、放大运算、信息存储功能的一体化集成，为突破冯·诺依曼瓶颈和实现类脑智能提供了一种全新思路。

2022年2月21日，国家体育总局冬季运动管理中心来函，感谢陶光明教授团队"无源温控技术"助力第24届冬季奥林匹克运动会，为极端严寒环境下的运动员实现了高效的运动无源保暖防护。

2022年4月6日，湖北省委常委、武汉市委书记郭元强到访武汉光电国家研究中心，详细了解研究中心建设、重大科研攻关和科研成果转化情况，强调要进一步加大对在汉高校、科研院所的支持、协作，强化战略科技力量培育，支持高校、科研院所参与国家重大科技专项，加强关键核心技术攻关，不断提升创新策源能力，为国家高水平科技自立自强贡献武汉力量。

2022年4月11日，中国科协公布"2021—2025年度第一批全国科普教育基地"名单，武汉光电国家研究中心由湖北省科协举荐，成功入选"十四五"第一批全国科普教育基地。本年度，研究中心还入选全国首批"科学家精神教育基地"，是湖北省唯一获得这两项殊荣的高校单位。

2022年5月20日，华中科技大学校歌发布仪式在光电信息大楼举行。由武汉光电国家研究中心组织的科学家合唱团与我校教工合唱团参加校歌发布仪式，并现场首唱华中科技大学校歌，成为载入校史的关键事件。

2022年5月23日，2021年度中国光学十大进展评选结果公布，武汉光电国家研究中心3项成果上榜，包括：张新亮、李培宁教授课题组与国内外团队合作，在双折射晶体中发现"幽灵"双曲极化激元；陶光明教授团队与多家科研和产业单位合作，基于形态学分级结构设计了辐射降温光学超材料织物；骆清铭院士团队通过发明线照明调制显微术实现了高清成像。

2022年5月30日，2022国际超级计算大会（ISC 2022）公布超算存储500强（IO500）结果，武汉光电国家研究中心并行数据存储实验室PDSL团队开发的FlashFS超算文件系统取得骄人成绩，夺得"10节点榜单"第一，将世界纪录数值提高36%。

2022年6月17日，全国博士后管委会办公室、中国博士后科学基金会公布了2022年度博士后创新人才支持计划资助人选名单，我校共9人入选，其中武汉光电国家研究中心3名博士后成功入选。

2022年6月28日，科睿唯安发布了2022年度期刊引证报告，*Journal of Innovative Optical Health Sciences* 的影响因子继续进步，从2021年的1.770上升为2.396，创历史新高。

2022年8月19日，中国工程院副院长、中国科协副主席邓秀新率中国工程院"荆楚院士行"调研组来校调研。调研组参观了武汉光电国家研究中心展厅，考察了研究中心在信息光电子、能量光电子、生命光电子三大领域所取得的重要研究成果及进展。

2022年10月5日，在华中科技大学建校70周年华诞来临之际，武汉光电国家研究中心杰出校友座谈会以线上、线下相结合的形式举行，校友们纷纷畅所欲言，回顾学习和工作时光，感念师恩和母校培养，并积极踊跃建言献策，祝福研究中心和母校宏图更展，再谱华章。

2022年12月24日，2022年度第19届王大珩光学奖评选结果公布，武汉光电国家研究中心王健教授荣获王大珩光学奖中青年科技人员奖。

2023年

2023年1月4日，武汉光电国家研究中心肖泽文教授的合作研究论文"Ultrathin quantum light source with van der Waals $NbOCl_2$ crystal"刊发于 *Nature*。

2023年2月9日，武汉光电国家研究中心李培宁教授的合作研究论文

"Gate-tunable negative refraction of mid-infrared polaritons" 刊发于 *Science*。

2023年2月20—24日，武汉光电国家研究中心王健、王磊、赵彦立、郭连波等6位教授组团前往中国香港和澳门两地，对香港中文大学、澳门大学等7所港澳高校开展了为期一周的学术交流和访问活动，在科学研究、人才培养、学术活动等方面达成多个合作意向。

2023年3月8日，在第21届文件和存储技术会议（FAST）上，武汉光电国家研究中心华宇教授团队以华中科技大学为唯一作者单位发表学术论文，并荣获最佳论文奖，这也是国内首个获此殊荣的团队。

2023年3月16日，湖北省科技创新大会隆重举行，2022年度湖北省科学技术奖揭晓，武汉光电国家研究中心陆培祥教授团队"原子分子量子瞬态过程的阿秒操控与超高时空分辨测量"、唐江教授团队"一维链状半导体的物理性质和光电器件研究"均荣获自然科学奖一等奖。

2023年3月19日，在第十三届"挑战杯"中国大学生创业计划竞赛全国决赛中，由武汉光电国家研究中心余宇老师指导的"光迹融微——新一代高性能激光雷达芯片领军者"荣获金奖，项目负责人为博士生魏子琛。

2023年3月底，武汉光电国家研究中心李雄教授团队与合作者系统研究了钙钛矿太阳能电池中光活性层、空穴传输层及器件关键表界面的物化性质及退化机制，并采用多功能分子精准设计策略有效增强了上述核心功能层及界面的电学性能和稳定性，显著提升了钙钛矿电池的光电转化效率和工作寿命，相关成果刊登于2023年一季度的 *Science* 和 *Nature Energy*。

2023年4月27日，武汉光电国家研究中心陈炜教授团队研究成果"Minimizing buried interfacial defects for efficient inverted perovskite solar cells"刊发于 *Science*。

2023年5月3日，武汉光电国家研究中心彭元杰教授的研究成果"Constrained C_2 adsorbate orientation enables CO-to-acetate electroreduction"刊发于 *Nature*。

2023年5月16—18日，由华中科技大学武汉光电国家研究中心、俄罗斯萨拉托夫国立大学、巴西圣保罗大学、印度马尼帕尔高等教育学院和南非约翰内斯堡大学共同组织承办的"第二届金砖五国生物光子学学术研讨会"成功举行。

2023年5月24日，从德国汉堡召开的国际超级计算大会（ISC 2023）传来消息，武汉光电国家研究中心并行数据存储实验室（HUST-PDSL）以突破性技术取得骄人成绩，勇夺IO500的"10节点榜单"总分第一、带宽性能第一和元数据性能第一，并将IO500世界纪录数值提高15倍以上。

2023年5月30日，由中共中央对外联络部和中共湖北省委共同主办的"中国共产党的故事——习近平新时代中国特色社会主义思想在湖北的实践"专题对外宣介会成功举行，来自亚洲、非洲、欧洲和拉美等28个国家的170余名政党领导人或代表来到华中科技大学武汉光电国家研究中心，参观考察研究中心展厅和湖北省科技创新成果。

2023年6月5—9日，武汉光电国家研究中心联合光学与电子信息学院和集成电路学院共同举办了"光电信息大楼实验室安全文化周"活动，活动分为通识安全、化学安全、生物安全专题讲座，以及实验室安全嘉年华、安全实操团体竞赛等5个版块，直接参与活动的师生近千人。

2023年6月14日，武汉光电国家研究中心由张新亮教授牵头的湖北省技术创新专项"微纳工艺与表征平台建设"顺利通过评审并验收。

2023年6月19—21日，IEEE/ACM IWQoS国际会议在美国佛罗里达召开，武汉光电国家研究中心华宇教授团队与麦吉尔大学合作发表的学术论文荣获本次会议唯一最佳论文奖。

2023年6月28日，科睿唯安发布了2023年度期刊引证报告，*Journal of Innovative Optical Health Sciences* 影响因子继续进步，从上一年的2.396上升为2.5，创历史新高。*Frontiers of Optoelectronics* 作为ESCI期刊，获得了首个影响因子5.4，按Optics分类处于Q1区。

2023年7月20日，武汉光电国家研究中心段将将副教授的研究成果"Electrochemical waste-heat harvesting"刊发于 *Science*。

2023年8月1—5日，"中国光谷·华为杯"第六届中国研究生创"芯"大赛于华中科技大学隆重举行，武汉光电国家研究中心夏金松教授课题组的"专芯致志"团队斩获全国一等奖。

2023年8月10—13日，第十八届中国研究生电子设计竞赛总决赛在东莞理工学院举行，武汉光电国家研究中心国伟华老师指导的参赛项目"面向400G长距相干通信的国产集成调谐光模块"以总分第一名的成绩当选"研电之星"（全国仅3支队伍获奖），创华中科技大学在该赛事历史最好成绩。项目负责人为2020级博士生陈子枫。

2023年8月28—31日，由国际先进材料学会（IAAM）主办的第55届国际先进材料大会在瑞典首都斯德哥尔摩举办，武汉光电国家研究中心徐凌教授获得由大会授予的年度技术创新奖，以表彰其在绿色和可再生能源领域作出的突出贡献。

2023年9月11日，香港特别行政区前任行政长官林郑月娥女士一行来校，参观了武汉光电国家研究中心，并与师生交流互动。

2023年10月9日，武汉光电国家研究中心获评"2023年度湖北省十佳科普教育基地"，陶光明教授获评"2023年度湖北省十佳科普达人"。

2023年10月28日，第二届全国博士后创新创业大赛圆满闭幕。武汉光电国家研究中心代表团斩获1金、1银和2项优胜奖，6位博士后获"全国创新创业优秀博士后"称号。

2023年11月25日，武汉光电国家研究中心建设二十周年大会暨高质量发展研讨会在光电信息大楼举行，邵新宇、尤政、叶朝辉、丁烈云、骆清铭、吕建、黄维、刘明、顾敏、刘胜10位院士，以及其他专家学者、兄弟院校代表、企业共建代表、校友、师生等共400余人到场参会。

2023年11月28日，由华中科技大学学术委员会主办的"2023年度华中科技大学重大学术进展"评选结果公布，共揭晓十项重大学术进展，武汉光电国家研究中心五位教授团队成果入选。包括：陆培祥教授团队"合成维度光子调控技术及应用"，华宇教授团队"高性能安全内存系统的持久性机理研究"，李雄教授团队"高性能钙钛矿太阳电池核心功能层材料与关键表界面研究"，张新亮教授团队"基于超快全场光谱的大带宽实时数据采集技术"，以及唐江教授团队"铯铅溴发光二极管效率提升及其一体化显示集成研究"。

历任领导和主要干部

历任行政领导

姓名	职务	文号	任职时间
叶朝辉	主任	校党〔2004〕8号	2004.04
李培根	常务副主任	校党〔2004〕8号	2004.04
黄德修	副主任	校党〔2004〕8号	2004.04
林林	主任助理	校党〔2004〕8号	2004.04
赵永俭	主任助理	校党〔2004〕13号	2004.05
樊明武	理事会理事长	鄂科技发成〔2004〕16号	2004.06
周治平	主任助理	校发〔2005〕10号	2005.06
江山	主任助理	室发〔2005〕06号	2005.07
李培根	理事会理事长	第一次理事会会议纪要	2005.08
王延觉	常务副主任	第一次理事会会议纪要	2005.08
刘宏	主任助理	室发〔2006〕01号	2006.03
朱晓	主任助理	室发〔2006〕01号	2006.03
骆清铭	常务副主任	校党〔2007〕7号	2007.03
谢长生	副主任	校党〔2007〕7号	2007.03
姚建铨	副主任	校党〔2007〕32号	2007.07
杨海斌	办公室主任	校党〔2007〕48号	2007.09
张新亮	主任助理	室发〔2008〕002号	2008.06
刘笔锋	主任助理	室发〔2008〕002号	2008.06
邹勇华	主任助理	室发〔2008〕006号	2008.10
沈国震	主任助理	室发〔2011〕5号	2011.04

续表

姓名	职务	文号	任职时间
王中林	海外主任	聘书	2009.08
曾绍群	副主任	校任〔2013〕22号	2013.10
付玲	主任助理	室发〔2012〕6号	2012.04
周军	主任助理	室发〔2012〕6号	2012.04
李宇航	主任助理	室发〔2013〕22号	2013.10
王健	主任助理	室发〔2013〕22号	2013.11
丁烈云	理事会理事长	2014年实验室理事会	2014.03
刘谦	主任助理	室发〔2014〕08号	2014.06
张新亮	副主任	校任〔2016〕5号	2016.02
周军	副主任	校任〔2016〕5号	2016.06
朱芹	副主任	校党任〔2017〕11号	2017.10
骆清铭	主任	国科发基〔2017〕357号	2017.11
熊伟	主任助理	室发〔2017〕8号	2017.12
丁烈云	建设运行管理委员会主任	2018年研究中心建设运行管理委员会会议	2018.03
李元元	建设运行管理委员会主任	2018年研究中心建设运行管理委员会会议	2018.11
董建绩	主任助理	中心发〔2019〕1号	2019.02
刘买利	副主任	聘书	2019.04
唐江	副主任（兼）	校党任〔2019〕10号	2019.07
陆培祥	副主任	校组干〔2020〕46号	2020.09
王健	副主任	校党任〔2021〕9号	2021.03
张新亮	常务副主任（兼）	校党任〔2021〕7号	2021.04
肖泽文	主任助理	中心发〔2021〕3号	2021.05
邓磊敏	主任助理	中心发〔2021〕3号	2021.05
韩道	主任助理	中心发〔2021〕3号	2021.05

续表

姓名	职务	文号	任职时间
尤政	建设运行管理委员会主任	2021年研究中心建设运行管理委员会会议	2021.10
陆培祥	常务副主任	校聘〔2022〕3号	2022.12
余宇	主任助理	中心党发〔2023〕4号	2023.5
熊伟	主任助理	中心党发〔2023〕4号	2023.5

历任党委组织领导

姓名	职务	文号	任职时间
林林	总支书记	校党〔2005〕37号	2005.07
詹健	总支副书记	校党任〔2009〕4号	2009.08
杨海斌	总支副书记	校党任〔2013〕13号	2013.07
刘洋	总支副书记	校党任〔2013〕15号	2013.10
夏松	总支书记	校党任〔2014〕13号	2014.12
夏松	党委书记	校党任〔2015〕58号	2015.12
韩晶	党委副书记	校党任〔2019〕1号	2019.01
吴非	党委副书记	校党任〔2021〕11号	2021.04
张涛	党委书记	校党任〔2022〕17号	2022.08

武汉光电国家实验室（筹）华中科技大学工作组

姓名	职务	文号	任职时间
李培根	组长	校科技〔2004〕1号	2004.01
黄德修	副组长	校科技〔2004〕1号	2004.01
刘德明	成员	校科技〔2004〕1号	2004.01
陈国清	成员	校科技〔2004〕1号	2004.01
赵永俭	成员	校科技〔2004〕1号	2004.01
史铁林	成员	校科技〔2004〕1号	2004.01
骆清铭	成员	校科技〔2004〕1号	2004.01
陆培祥	成员	校科技〔2004〕1号	2004.01

续表

姓名	职务	文号	任职时间
谢长生	成员	校科技〔2004〕1号	2004.01
朱光喜	成员	校科技〔2004〕1号	2004.01
王英	秘书	校科技〔2004〕1号	2004.01

武汉光电国家实验室（筹）管理委员会

姓名	职务	文号	任职时间
叶朝辉	主任	室发〔2004〕1号	2004.07
李培根	常务副主任	室发〔2004〕1号	2004.07
黄德修	副主任	室发〔2004〕1号	2004.07
史铁林	委员	室发〔2004〕1号	2004.07
朱光喜	委员	室发〔2004〕1号	2004.07
陆培祥	委员	室发〔2004〕1号	2004.07
林林	委员	室发〔2004〕1号	2004.07
赵永俭	委员	室发〔2004〕1号	2004.07
骆清铭	委员	室发〔2004〕1号	2004.07
谢长生	委员	室发〔2004〕1号	2004.07
夏松	委员	室发〔2004〕4号	2004.11
王延觉	常务副主任	室发〔2005〕08号	2005.09
刘胜	委员	室发〔2005〕08号	2005.09
江山	委员	室发〔2005〕08号	2005.09
周治平	委员	室发〔2005〕08号	2005.09

武汉光电国家实验室（筹）研究部筹备组

姓名	职务	文号	任职时间
黄德修	灵巧光电子与集成研究部筹备组组长	室发〔2004〕3号	2004.07
史铁林	纳米光子学与微系统研究部筹备组组长	室发〔2004〕3号	2004.07

续表

姓名	职务	文号	任职时间
朱光喜	光通信与智能网络研究部筹备组组长	室发〔2004〕3号	2004.07
陆培祥	激光科学与技术研究部筹备组组长	室发〔2004〕3号	2004.07
骆清铭	生物医学光子学研究部筹备组组长	室发〔2004〕3号	2004.07
谢长生	光电数据存储研究部筹备组组长	室发〔2004〕3号	2004.07
曾绍群	生物医学光子学研究部筹备组组长	2007年鉴	2007.07
冯丹	光电信息存储研究部筹备组组长	2007年鉴	2007.07

历任工程科学学院（国际化示范学院）领导

姓名	职务	文号	任职时间
付玲	国际化示范学院副院长	校任〔2013〕23号	2013.10
杨海斌	国际化示范学院副院长	校任〔2013〕23号	2013.10
付玲	工程科学学院副院长	校任〔2014〕11号	2014.09
杨海斌	工程科学学院副院长	校任〔2014〕11号	2014.09
Jürgen Kurths	工程科学学院外籍院长	校聘	2015.09
徐书华	工程科学学院副院长	校任〔2016〕28号	2016.12
付玲	工程科学学院执行院长	校党任〔2017〕11号	2017.10
骆卫华	工程科学学院副院长	校党任〔2017〕11号	2017.10

历任功能实验室/平台负责人

姓名	职务	文号	任职时间
黄鹰	平台主任	室发〔2010〕01号	2010.03
张新亮	集成主任	校任〔2011〕40号	2011.12

续表

姓名	职务	文号	任职时间
沈国震	能源主任	校任〔2011〕40号	2011.12
曾绍群	生医主任	校任〔2011〕40号	2011.12
冯丹	存储主任	校任〔2011〕40号	2011.12
曾晓雁	激光副主任	校任〔2011〕40号	2011.12
孙军强	集成副主任	校任〔2011〕40号	2011.12
刘谦	生医副主任	校任〔2011〕40号	2011.12
孙军强	集成支部书记	室发〔2012〕01号	2012.02
周军	能源支部书记	室发〔2012〕01号	2012.02
朱荞	生医支部书记	室发〔2012〕01号	2012.02
周可	存储支部书记	室发〔2012〕01号	2012.02
黄鹰	平台支部书记	室发〔2012〕04号	2012.03
朱海红	激光支部书记	室发〔2012〕04号	2012.03
李进延	激光支部书记	室发〔2013〕07号	2013.03
李宇航	平台支部书记	室发〔2014〕05号	2013.11
周军	能源主任	校任〔2014〕4号	2014.01
张智红	生医主任	校任〔2014〕4号	2014.01
唐江	能源副主任	校任〔2014〕4号	2014.01
朱荞	生医副主任	校任〔2014〕4号	2014.01
王芳	存储副主任	校任〔2014〕4号	2014.01
李进延	激光副主任	校任〔2014〕4号	2014.01
国伟华	平台副主任	室发〔2014〕08号	2014.08
夏金松	平台主任	室发〔2017〕4号	2017.10
卢宏	平台副主任	室发〔2017〕4号	2017.10
唐江	能源主任	校党任〔2017〕11号	2017.10
王健	集成主任	校党任〔2017〕11号	2017.10
韩宏伟	能源主任	中心发〔2019〕1号	2019.02

续表

姓名	职务	文号	任职时间
肖泽文	能源副主任	中心发〔2020〕5号	2020.10
熊伟	激光主任	中心发〔2021〕2号	2021.03
余宇	集成主任	中心发〔2021〕3号	2021.05
王磊	能源主任	中心发〔2021〕3号	2021.05
郭连波	激光副主任	中心发〔2021〕3号	2021.05
王鸣魁	能源副主任	中心发〔2021〕3号	2021.05
王平	生医副主任	中心发〔2021〕3号	2021.05
黄庆忠	平台主任	中心发〔2021〕8号	2021.10
卢宏	平台行政主任	中心发〔2021〕8号	2021.10
李攀	平台副主任	中心发〔2021〕8号	2021.10
徐巍	平台副主任	中心发〔2021〕8号	2021.10
郜定山	集成支部书记	中心党发〔2021〕3号	2021.05
朱海红	激光支部书记	中心党发〔2021〕3号	2021.05
胡彬	能源支部书记	中心党发〔2021〕3号	2021.05
曾绍群	生医支部书记	中心党发〔2021〕3号	2021.05
曹强	存储支部书记	中心党发〔2021〕3号	2021.05
黄庆忠	平台支部书记	中心党发〔2021〕3号	2021.05
邓勇	生医副主任	中心发〔2022〕2号	2022.03
张驰	集成支部书记	中心党发〔2022〕2号	2022.05

历任光学与电子信息学院领导

1971年,成立机一系光学仪器教研室		
室领导	陈志清(书记)	李德焕(主任)
1971年,成立激光科研组		
组领导	徐启阳(党小组组长)	吴业明(科研组组长)
1974年,成立激光教研室		
室领导	徐启阳(书记)	袁宇震(主任)

续表

	1976年，成立激光研究所	
所领导	唐兆平（书记）	李再光（所长）
	陈殊芳（书记）	李再光（所长）
		丘军林（所长）
	1979年，成立光电子工程系（原名光学工程系）	
系领导	彭常让（书记）	李再光（主任）
	吴炳荣（书记）	刘贤德（主任）
	王受成（书记）	刘贤德（主任）
	王受成（书记）	黄德修（主任）
	杨坤涛（书记）	黄德修（主任）
	杨坤涛（书记）	刘德明（主任）
	1986年，成立激光技术国家重点实验室	
室领导		李再光（主任）
		陈清明（主任）
		程祖海（主任）
		陆培祥（主任）
	1994年，成立激光技术与工程研究院	
院领导	韩德湘（书记）	李再光（名誉院长）
		李适民（院长）
	韩德湘（书记）	李正佳（院长）
	朱晓（书记）	李正佳（院长）
	1994年，成立激光加工国家工程研究中心	
中心领导		李适民（主任）
		李正佳（主任）
		朱晓（主任）
	2005年，成立光电子科学与工程学院	
院领导	杨坤涛（书记）	刘劲松（院长）
	林林（书记）	骆清铭（院长）

续表

	2012 年，成立光学与电子信息学院	
院领导	刘继文（书记）	张新亮（院长）
	夏松（书记）	唐江（院长）
	2022 年，重组光学与电子信息学院	
院领导	张涛（书记）	唐江（院长）

高水平人才

院士（12人）

序号	姓名	类别
1	叶朝辉	中国科学院院士
2	骆清铭	中国科学院院士
3	姚建铨	中国科学院院士
4	赵梓森	中国工程院院士
5	余少华	中国工程院院士
6	刘买利	中国科学院院士
7	徐志展	中国科学院院士、第三世界科学院院士
8	姜德生	中国工程院院士
9	程一兵	澳大利亚工程院院士
10	王中林	中国科学院外籍院士、欧洲科学院院士、加拿大工程院国际院士、美国国家发明家科学院院士
11	王立军	中国科学院院士
12	Jürgen Kurths	欧洲科学院院士

国家自然科学基金委员会创新研究群体负责人（5人）

序号	名称	负责人
1	生物核磁共振波谱学	刘买利
2	生物医学光子学	骆清铭
3	大数据存储系统与技术	冯丹
4	生命波谱与成像	周欣
5	强场超快光学	陆培祥

"万人计划"科技创新团队负责人（1人）

负责人	年度
骆清铭	2016

973计划首席科学家（11人）

序号	姓名	项目	年度
1	冯丹	下一代互联网信息存储组织模式与核心技术研究	2005
2	高克林	原子频标物理与技术基础	2005
3	詹明生	基于冷原子与量子点的量子信息处理	2006
4	刘买利	蛋白质高分辨结构测定与高效制备技术	2009
5	冯丹	面向复杂应用环境的数据存储系统理论与技术基础研究	2010
6	骆清铭	活动蛋白质功能的光学分子成像技术新方法研究	2010
7	詹明生	囚禁单元子（离子）与光耦合体系量子态的操控	2012
8	高克林	光频标关键物理问题与技术实现	2012
9	唐淳	蛋白质动态学研究的新技术和新方法	2013
10	曾绍群	灵长类神经回路精细结构成像的新方法和新工具	2015
11	刘德明	宽带高速光电信号分析仪技术	2015

国家重点研发计划（基础研究类）项目负责人（11人）

序号	姓名	项目	年度
1	高克林	高精度原子光钟	2017
2	管习文	基于原子、离子与光子的少体关联精密测量	2017
3	张许	细胞内蛋白质结构和互作的原位NMR分析新技术与新方法	2017
4	唐淳	蛋白质机器动态、原位结构的整合方法学研究	2018
5	屠国力	有机/无机纳米复合光学薄膜及其显示与节能应用	2018
6	缪向水	非易失性存算一体化忆阻器件与电路研究	2019
7	王健	超大容量硅基多维复用与处理基础研究	2019
8	张新亮	硅基可编程重构全光信号处理芯片	2019

续表

序号	姓名	项目	年度
9	江涛	大维智能共生无线通信基础理论与技术	2019
10	董建绩	光电混合通用计算系统	2022
11	孙琪真	弱光相位高精度测量研究	2022

国家级领军人才入选者（24人）

序号	姓名	入选年份
1	程一兵	2009
2	胡斌	2009
3	闫大鹏	2009
4	曹祥东	2009
5	李洵	2010
6	卢昆忠	2010
7	徐进林	2010
8	杨天若	2010
9	沈平	2010
10	李成	2011
11	Valeri Saveliev	2011
12	陈义红	2012
13	宋恩民	2013
14	曾绍群	2013
15	冯丹	2013
16	江涛	2016
17	骆清铭	2016
18	张新亮	2016
19	柳晓军	2016
20	杨俊	2016
21	韩宏伟	2017

续表

序号	姓名	入选年份
22	唐江	2018
23	李强	2018
24	王磊	2021

中国青年科技奖获得者（2人）

序号	姓名	入选年份
1	骆清铭	2001
2	冯丹	2006

教育部长江学者（30人）

序号	姓名	类别	入选年份
1	骆清铭	特聘教授	1998
2	吴颖	特聘教授	2001
3	王煜	讲座教授	2004
4	刘胜	特聘教授	2004
5	周治平	特聘教授	2004
6	朱健刚	讲座教授	2005
7	汪立宏	讲座教授	2005
8	刘文	特聘教授	2005
9	陆培祥	特聘教授	2006
10	顾敏	讲座教授	2006
11	刘波	讲座教授	2006
12	缪向水	特聘教授	2006
13	曾绍群	特聘教授	2007
14	绿川克美	讲座教授	2007
15	冯丹	特聘教授	2008
16	陆永枫	讲座教授	2012
17	张黔	讲座教授	2012

续表

序号	姓名	类别	入选年份
18	周军	青年项目	2015
19	曾志刚	特聘教授	2015
20	王庆	讲座教授	2015
21	韩宏伟	特聘教授	2016
22	江涛	特聘教授	2016
23	王健	青年项目	2016
24	张新亮	特聘教授	2017
25	余宇	青年项目	2018
26	郝建华	讲座教授	2018
27	张光祖	青年项目	2019
28	周可	特设岗	2020
29	袁菁	青年项目	2022
30	陈林	青年项目	2022

国家杰出青年科学基金项目获得者（26人）

序号	姓名	入选年份
1	刘买利	1999
2	刘胜	1999
3	骆清铭	2000
4	吴颖	2001
5	徐富强	2007
6	陆培祥	2009
7	曾绍群	2009
8	柳晓军	2009
9	冯丹	2010
10	张新亮	2011
11	唐淳	2012

续表

序号	姓名	入选年份
12	曾志刚	2013
13	江涛	2013
14	杨俊	2014
15	谢庆国	2014
16	周欣	2016
17	张智红	2016
18	唐江	2017
19	李从刚	2019
20	周军	2020
21	王健	2021
22	华宇	2021
23	唐明	2022
24	费鹏	2022
25	兰鹏飞	2022
26	袁菁	2023

中国科学院"百人计划"入选者（21人）

序号	姓名	入选年份
1	詹明生	1995
2	刘买利	1997
3	陆培祥	2000
4	吴颖	2000
5	曹更玉	2000
6	雷皓	2001
7	史庭云	2003
8	杨明晖	2004
9	吕宝龙	2004

续表

序号	姓名	入选年份
10	柳晓军	2006
11	徐富强	2008
12	王玉兰	2008
13	唐淳	2009
14	周欣	2009
15	江开军	2009
16	杨俊	2010
17	何明	2010
18	彭家晖	2014
19	童昕	2014
20	杨运煌	2015
21	张俊义	2015

国家级青年人才入选者（61人）

序号	姓名	入选年份
1	陈敏	2011
2	李从刚	2011
3	舒学文	2012
4	胡昱	2012
5	唐江	2012
6	臧剑锋	2013
7	周印华	2013
8	国伟华	2013
9	王平	2014
10	费鹏	2014
11	王兵	2014
12	陈学文	2014
13	Nicola D'Ascenzo	2015

续表

序号	姓名	入选年份
14	李德慧	2015
15	王成亮	2015
16	何毓辉	2015
17	夏宝玉	2015
18	吴旭	2015
19	游龙	2015
20	卞学滨	2015
21	周军	2015
22	柯昌剑	2015
23	王健	2015
24	邵明	2016
25	熊伟	2016
26	张兆伟	2016
27	徐明	2016
28	王敬	2016
29	陶光明	2016
30	李忠安	2016
31	李正言	2017
32	庞元杰	2017
33	李雄	2017
34	孙永明	2017
35	骆海明	2017
36	肖泽文	2018
37	李培宁	2018
38	侯冲	2018
39	张金伟	2018
40	蓝新正	2018

续表

序号	姓名	入选年份
41	王星泽	2018
42	肖泽文	2018
43	兰鹏飞	2018
44	白翔	2018
45	邓磊	2018
46	陈炜	2018
47	陈巍	2019
48	牛广达	2020
49	郭富民	2021
50	朱本鹏	2021
51	罗为	2021
52	冯明杰	2022
53	赵文宇	2022
54	聂赟	2022
55	刘阳	2022
56	柳叔毅	2022
57	徐刚	2022
58	吉晓	2022
59	梅安意	2022
60	陈云天	2022
61	毕晓君	2022

优秀青年科学基金项目获得者（19人）

序号	姓名	入选年份
1	王健	2013
2	兰鹏飞	2014
3	周军	2014
4	唐江	2014

续表

序号	姓名	入选年份
5	付玲	2015
6	郑安民	2015
7	周月明	2016
8	董建绩	2016
9	徐君	2016
10	管桦	2016
11	黎敏	2017
12	唐明	2017
13	郭安源	2018
14	陈炜	2018
15	孙琪真	2019
16	余宇	2019
17	刘欢	2019
18	李安安	2021
19	叶镭	2022

"跨世纪优秀人才培养计划""新世纪优秀人才支持计划"入选者（35人）

序号	姓名	入选年份
1	刘德明	1996
2	赵元弟	2001
3	冯丹	2004
4	姜胜林	2004
5	江建军	2004
6	张新亮	2004
7	孙军强	2004
8	刘笔锋	2005
9	刘世元	2006
10	周可	2006

续表

序号	姓名	入选年份
11	曾绍群	2006
12	周艳红	2007
13	喻莉	2007
14	刘政林	2007
15	吕文中	2007
16	陈长清	2008
17	高义华	2008
18	张智红	2008
19	江涛	2008
20	李鹏程	2008
21	付玲	2008
22	周军	2009
23	谢庆国	2009
24	罗小兵	2009
25	刘谦	2009
26	黄振立	2010
27	许彤辉	2010
28	王鸣魁	2010
29	董建绩	2011
30	王健	2011
31	夏金松	2012
32	刘欢	2012
33	郭安源	2012
34	余宇	2013
35	唐明	2013

科技部中青年科技创新领军人才入选者（5人）

序号	姓名	入选年份
1	张新亮	2014
2	刘世元	2015
3	韩宏伟	2016
4	谢庆国	2016
5	唐江	2017

"改革开放40周年暨光谷30年创新30人"入选者（4人）

序号	姓名	单位，职务/职称
1	赵梓森	中国工程院院士，武汉邮电科学研究院高级技术顾问
2	黄德修	华中科技大学教授
3	骆清铭	武汉光电国家研究中心主任
4	闫大鹏	武汉锐科光纤激光技术股份有限公司副董事长

华中科技大学"伯乐奖"获得者（7人）

序号	姓名	入选年份
1	骆清铭	2007
2	程祖海	2009
3	林林	2010
4	杨坤涛	2011
5	刘德明	2015
6	陆培祥	2018
7	缪向水	2018

重大教学、科研成果

一、科研获奖

国家级奖励（部分）

序号	年份/年	奖励名称	等级	获奖项目名称	获奖人员
1	2005	国家科技进步奖	二等奖	实用化介质膜滤光片型DWDM器件	许远忠、胡强高、马琨、肖清明、刘军、李传文、方罗珍、刘水华、谢竞、刘秋华
2	2008	国家友谊奖			布立顿·强斯（Britton Chance）
3	2009	国家自然科学奖	二等奖	微器件光学及其相关现象的研究	吴颖、杨晓雪
4	2009	中华人民共和国国际科学技术合作奖			布立顿·强斯（Britton Chance）
5	2010	国家自然科学奖	二等奖	生物功能的飞秒激光光学成像机理研究	骆清铭、赵元弟、曾绍群、李鹏程、张智红

续表

序号	年份/年	奖励名称	等级	获奖项目名称	获奖人员
6	2010	国家技术发明奖	二等奖	基于SOA的无源光网络接入扩容与距离延伸技术	刘德明、柯昌剑、张敏明、黄德修、朱松林、苏婕
7	2011	国家技术发明奖	二等奖	全高程、全天时大气探测激光雷达	
8	2013	国家技术发明奖	二等奖	高速半导体激光器制备、测试与耦合封装技术	
9	2014	国家科技进步奖	二等奖	高耐性酵母关键技术研究与产业化	曾晓雁、李祥友、王泽敏
10	2014	国家技术发明奖	二等奖	主动对象海量存储系统及关键技术	冯丹、王芳、施展、童薇
11	2014	国家技术发明奖	二等奖	单细胞分辨的全脑显微光学切片断层成像技术与仪器	骆清铭、龚辉、李安安、曾绍群、张斌、吕晓华
12	2015	国家科技进步奖	一等奖	汽车制造中的高质高效激光焊接、切割关键工艺及成套装备	邵新宇、程愿应等
13	2015	国家科技进步奖	二等奖	高性能超强抗弯光纤关键技术、制造工艺及成套装备	
14	2016	国家技术发明奖	二等奖	界面光-热耦合白光LED封装优化技术	刘胜、罗小兵、陈明祥、裴小明、王恺、郑怀
15	2016	国家自然科学奖	二等奖	储能用高性能复合电极材料的构筑及协同机理	周军（参与）等

续表

序号	年份/年	奖励名称	等级	获奖项目名称	获奖人员
16	2017	国家科技进步奖	二等奖	强电磁环境下复杂电信号的光电式测量装备及产业化	鲁平（参与）等
17	2019	国家技术发明奖	二等奖	异构频谱超宽频动态精准聚合关键技术及应用	江涛等
18	2019	国家科技进步奖	二等奖	超高速超长距离T比特光传输系统关键技术与工程实现	唐明（排名第4）等
19	2020	国家科技进步奖	一等奖	高密度高可靠电子封装关键技术及成套工艺	刘胜等

省部级奖励（部分）

序号	年份/年	奖励名称	等级	获奖项目名称	获奖人员
1	2004	湖北省科技进步奖	二等奖	消音环保型金刚石圆锯片激光焊接工艺及装备	唐霞辉、朱国富、任江华、李适民、李家镕、秦应雄、王汉生、程愿应、谢涛、阮海洪
2	2004	湖北省科技进步奖	三等奖	全息综合防伪信息加密和识别技术	曹汉强、朱光喜、张建军、王树初、陈汝钧、彭复员、李学文

续表

序号	年份/年	奖励名称	等级	获奖项目名称	获奖人员
3	2004	教育部科技进步奖	一等奖	金刚石钻头激光焊接工艺及装备	唐霞辉、秦应雄、钟如涛、李适民、李家镕、朱国富、周毅、周金鑫、肖茂严、王汉生、蔡方寒、李立波、曹燕、李啸骢、徐强、朱利民
4	2005	湖北省技术发明奖	二等奖	波长解复用光探测阵列模块	刘德明、鲁平、胡必春、聂明局、张江山、刘海华
5	2005	湖北省自然科学奖	二等奖	光学混频理论及应用的研究	吴颖、杨晓雪、李家华、杨文星、詹志明
6	2005	教育部自然科学奖	二等奖	量子尺寸效应及其器件原理研究	易新建、陈四海、马宏、赖建军、王宏臣、王桂芳、李莉、贺义廉、覃茂福、王志刚、王英、温英杰、严明清、刘享平、王桂芳
7	2006	湖北省技术发明奖	一等奖	高性能网络存储系统核心技术与构建方法	冯丹、周可、王芳、童薇、田磊、施展
8	2006	湖北省科技进步奖	二等奖	光无线通信器件和系统技术研究	元秀华、黄德修、刘德明、孙军强、张新亮、王瑾、欧阳伦多、陈俊、胡必春、刘靖

续表

序号	年份/年	奖励名称	等级	获奖项目名称	获奖人员
9	2006	湖北省科技进步奖	一等奖	高分辨数字人体三维结构数据集的构建与可视化	骆清铭、刘谦、龚辉、鲁强、曾绍群、李安安、徐国栋、陈华、韩道、张杰、熊小飞
10	2006	湖北省自然科学奖	一等奖	生物体系中分子间相互作用的核磁共振研究	刘买利、叶朝辉、张许、毛希安
11	2007	第十届中国专利奖优秀奖		波导器件自动耦合封装及角度补偿扫描方法	马卫东、杨涛、许远忠
12	2007	湖北省技术发明奖	二等奖	40通道阵列波导光栅（AWG）复用/解复用芯片及模块	马卫东、王文敏、杨涛、宋琼辉、丁丽、刘文
13	2007	湖北省自然科学奖	二等奖	微纳信息材料的稳态和亚稳态特性和器件应用的基础研究	易新建、王宏臣、赖建军、张新宇、马宏
14	2007	湖北省自然科学奖	一等奖	脑皮层功能高分辨光学成像理论与方法研究	骆清铭、李鹏程、曾绍群、刘谦、陈尚宾
15	2007	中国标准创新贡献奖		AVS视频标准	华中科技大学AVS小组
16	2007	中国通信标准化协会科学技术奖	三等奖	密集波分复用器/解复用器条件	梁臣桓、许远忠、胡强高、张佰成、刘军
17	2007	信息产业部重大技术发明奖		AVS视频编码标准关键支撑技术	华中科技大学AVS小组

续表

序号	年份/年	奖励名称	等级	获奖项目名称	获奖人员
18	2008	湖北省技术发明奖	二等奖	进化海量存储系统关键技术与实现方法	谢长生、曹强、吴非、谭志虎、万继光、黄建忠
19	2008	湖北省技术发明奖	一等奖	基于IP的宽带移动多媒体通信新技术	朱光喜、喻莉、刘文予、邱锦波、吴伟民、冯镔
20	2008	湖北省科技进步奖	二等奖	中国双音钟形声复原研究	胡家喜、曾晓雁、张翔、高明、余文扬、胡乾午、翁蓓、李祥友、周松峦、段军
21	2008	湖北省自然科学奖	一等奖	用于药物筛选和药效评价的光学分子成像动态监测理论与方法研究	骆清铭、张智红、赵元弟、杨杰、罗若愚
22	2008	教育部技术发明奖	一等奖	飞秒激光快速随机扫描双光子显微成像装置	曾绍群、骆清铭、吕晓华、李德荣、毕昆、周炜
23	2009	湖北省技术发明奖	二等奖	全天时、全高程大气探测激光雷达……（部分略）	龚顺生、程学武、李发泉、杨国韬、林兆祥、宋娟
24	2009	湖北省技术发明奖	一等奖	混合波分时分复用无源光网络及关键器件	刘德明、柯昌剑、张敏明、刘海、胡保民、许巍

续表

序号	年份/年	奖励名称	等级	获奖项目名称	获奖人员
25	2009	湖北省科技进步奖	一等奖	基于HFC和IP混合网络的互动电视系统	王宏远、马泳、施驰、王晓晖、徐永建、张继涛、乔木、周波、方旭阳、郑刚、胡波、赵健章、沈远浩、景麟、梁琨
26	2009	湖北省自然科学奖	一等奖	多信道光通信网络全光信号处理器件基础性问题的研究	张新亮、黄德修、孙军强、洪伟、董建绩
27	2009	湖北省自然科学奖	一等奖	量子计算的实验和理论研究	詹明生、罗军、陈泽乾、蔡庆宇、高克林
28	2009	教育部自然科学奖	二等奖	脉冲光学二阶非线性理论及其在高速全光信号处理中的应用研究	孙军强、王健、黄黎蓉、元秀华、张新亮、黄德修
29	2009	中国电子学会电子信息科学技术奖	二等奖	系统封装、测试的若干关键技术及装备	刘胜、罗小兵、甘志银、汪学方、陈明祥、张鸿海、王小平、杨春华、范旺生、王恺
30	2009	中国物流与采购联合会科技发明奖	一等奖	系统封装、测试的若干关键技术及装备	刘胜、甘志银、罗小兵、汪学方、陈明祥、张鸿海、王小平、杨春华、范旺生、王恺、刘宗源

续表

序号	年份/年	奖励名称	等级	获奖项目名称	获奖人员
31	2010	湖北省科技进步奖	一等奖	高活性干酵母干燥设备及工艺的研制及应用	曾晓雁、李知洪、王泽敏、肖明华、高明、姚娟、胡乾午、张林、段军、李祥友、杨建京、杜敏、蔡志祥、曹宇、张洁
32	2010	湖北省科技进步奖	一等奖	10W、25W脉冲光纤激光器及其成套系统	闫大鹏、闫大勇、卢飞星、刘晓旭、李立波、汪伟、李玉华、闫长鹍
33	2010	湖北省自然科学奖	一等奖	全光信息技术若干基础问题的研究	吴颖、杨晓雪
34	2010	新疆维吾尔自治区科学技术进步奖	一等奖	年产3万吨干酵母关键生产设备的研制及应用	曾晓雁、李祥友、王泽敏、高明、胡乾午、段军、刘建国
35	2010	中华全国工商业联合会科技进步奖	一等奖	一种节能、环保的专用非标型干燥床的研制及产业化	胡乾午、李知洪、王泽敏、肖明华、段军、姚娟、李爱魁、张林、刘建国、曹宇、杨建京、蔡志祥、关凯、武小虎、郑寅岚
36	2011	湖北省技术发明奖	一等奖	基于主动对象的海量存储系统与技术	冯丹、王芳、田磊、曾令仿、刘景宁、陈俭喜

续表

序号	年份/年	奖励名称	等级	获奖项目名称	获奖人员
37	2012	CCSA科技进步奖	二等奖	《平面光波导集成光路器件》行业标准系列	
38	2012	教育部高校科研成果自然科学奖	二等奖	面向多业务的广覆盖光纤无线融合无源光网络基础理论	刘德明、邓磊等
39	2012	湖北省科技进步奖	一等奖	高功率连续单模光纤激光器关键技术及其产业化	李进延等
40	2012	中国通信学会科技进步奖	一等奖	40通道阵列波导光栅（AWG）复用/解复用芯片及模块	
41	2013	湖北省技术发明奖	一等奖	小型数字PET成像关键技术	肖鹏等
42	2013	湖北省自然科学奖	一等奖	面向大数据时代的全光运算器件机理研究	董建绩等
43	2014	湖北省科技进步奖	二等奖	高功率、高光束质量射频板条CO_2激光器及应用	朱晓等
44	2014	湖北省科技进步奖	一等奖	混合云存储系统与关键技术	周可、代亚非、罗圣美、牛中盈、王桦、李春花、刘智聪、杨智、陈进才、邹复好、郑胜、张胜、陕正、周功业、陈涛
45	2014	湖北省技术发明奖	二等奖	微结构分布式光纤传感和多域复用接入组网技术	刘德明、孙琪真、鲁平、刘海、夏历

续表

序号	年份/年	奖励名称	等级	获奖项目名称	获奖人员
46	2014	湖北省技术发明奖	二等奖	阵列波导光栅集成光路芯片和封装技术及产业化应用	胡家艳等
47	2015	湖北省自然科学奖	一等奖	大功率白光发光二极管封装和应用中的光热调控理论及方法	罗小兵（排名第1）等
48	2015	教育部技术发明奖	一等奖	大功率LED封装及其应用的关键技术研究	罗小兵（排名第2）等
49	2015	教育部自然科学奖	一等奖	多维光信息传输和处理的基础研究	王健、孙军强、余宇、张新亮、李蔚
50	2015	教育部自然科学奖	一等奖	储能用高性能复合电极材料的构筑及协同机理	黄云辉、周军、胡先罗、袁利霞、沈越、袁龙炎、胡彬、张五星
51	2015	中国电子学会科技进步奖	一等奖	混合云存储系统关键技术与应用	周可、代亚非、黄永峰、牛中盈、王桦、李春花、刘智聪、朱建新、杨智、邹复好、郑胜、张胜、陕振
52	2016	湖北省自然科学奖	一等奖	强激光场原子分子关联电子动力学研究	陆培祥、周月明、廖青、黄诚、张庆斌
53	2016	中国专利优秀奖		一种永磁极化器	周欣、孙献平、刘买利、叶朝辉
54	2017	北京市科学技术奖	二等奖	基于准一维半导体纳米结构的柔性光电探测器研究	朱明强（排名第4）等

续表

序号	年份/年	奖励名称	等级	获奖项目名称	获奖人员
55	2017	中国电子学会自然科学奖	一等奖	逼近香农限的OFDM信号处理理论与方法	江涛等
56	2018	湖北省技术发明奖	一等奖	肺部气体磁共振成像关键技术及系统	周欣、刘买利（排名第2）、李海东（排名第5）等
57	2018	湖北省科技进步奖	一等奖	异构统一云存储及服务保障技术	冯丹、陈俭喜、谭支鹏、浦世亮、罗圣美、夏文、胡燏翀、施展、谢雨来、王芳、华宇、秦磊华、童薇
58	2018	湖北省科技进步奖	一等奖	用于特高压的超长距无中继光通信系统关键技术及应用	李蔚（参与）等
59	2018	中国通信学会科学技术奖	二等奖	超长跨距无中继光通信系统关键技术及应用	李蔚（参与，单位排名第4）等
60	2019	湖北省自然科学奖	三等奖	先进的小尺寸MOS器件高k栅介质及界面特性研究	刘璐等
61	2019	湖北省自然科学奖	二等奖	含孤对电子的新型半导体材料缺陷调控和光电器件研究	唐江等
62	2019	湖北省技术发明奖	二等奖	水稻全生育期高通量表型获取分析关键技术与应用	刘谦等

续表

序号	年份/年	奖励名称	等级	获奖项目名称	获奖人员
63	2019	湖北省科技进步奖	二等奖	基于教学状态数据的全国高等教育质量监测与评估关键技术及应用	许晓东、赵峰、周可
64	2019	湖北省科技进步奖	特等奖	高光束质量万瓦光纤激光器核心技术及其产业化	闫大鹏、李成、卢昆忠、李立波、刘晓旭、李强、施建宏、胡慧璇、王文娟、黄中亚、刘锐、王威、祝启欣、赵文利、骆崛遂、王志源、李星、曹丛绘、莫琦、王静、包箭华、李云丽、吴杰、王虎、姜永亮、胡黎明、刘厚康、吕亮
65	2019	教育部自然科学奖	一等奖	基于结构光场短距光互连的基础研究	王健、余宇、李树辉、沈力、张新亮
66	2019	湖北省自然科学奖	三等奖	纳米结构光/电器件的制备机理与性能调控	徐智谋等
67	2019	湖北省自然科学奖	一等奖	基于生物材料和技术的高性能计算模型和算法	刘欢（参与）等
68	2019	湖北省科技进步奖	二等奖	高功率半导体激光再制造成套装备及应用	唐霞辉等
69	2019	北京市技术发明奖	一等奖	高安全低功耗嵌入式系统芯片技术及应用	孙华军（参与）等

续表

序号	年份/年	奖励名称	等级	获奖项目名称	获奖人员
70	2019	教育部自然科学奖	二等奖	高效钙钛矿太阳能电池的构筑与工作机理研究	王鸣魁、申燕、屠国力、徐晓宝、曹昆
71	2020	教育部青年科学奖			王健等
72	2020	湖北省科学技术突出贡献奖		工业高功率光纤激光器及光纤器件	闫大鹏等
73	2020	教育部自然科学奖	一等奖	海量信息存储系统并行性理论及调度机制	冯丹、华宇、夏文、胡洋
74	2020	湖北省自然科学奖	一等奖	神经动力学系统控制理论研究	曾志刚、吴爱龙、陈洁洁、蒋平、廖晓昕
75	2020	湖北省技术发明奖	一等奖	薄膜材料热特性测试技术及仪器	缪向水、童浩、程晓敏、王愿兵、蔡颖锐、鄢俊兵
76	2020	湖北省自然科学奖	二等奖	能量转化材料电活化微观机理与计算设计框架理论研究	江建军、缪灵、别少伟、张宝
77	2020	湖北省自然科学奖	二等奖	表面等离激元和超材料光场调控机理及信息传送方法	王健、陈林、杨振宇、杜埩、赵茗
78	2020	湖北省自然科学奖	二等奖	非线性腔光力学研究	吕新友、熊豪、司留刚、吴颖
79	2020	湖北省科技进步奖	二等奖	高效率硅太阳能电池电极材料关键技术及应用	吕文中、付明、姜胜林、曾祥斌、李代颖、范琳、陈筑、张蒙、刘晓巍、彭戴

续表

序号	年份/年	奖励名称	等级	获奖项目名称	获奖人员
80	2021	黄家驷生物医学工程奖（技术发明类）	一等奖	荧光显微光学切片断层成像关键技术及应用	骆清铭、龚辉、李安安、袁菁、李向宁
81	2021	湖北省自然科学奖	一等奖	光子器件中光与物质相互作用调控和增强机制	张新亮、董建绩、余宇、周海龙
82	2021	湖北省技术发明奖	一等奖	移动大视频多级多网协同智适应传输关键技术	江涛、高鹏、李勇、华新海、张冬晨、屈代明
83	2021	湖北省自然科学奖	三等奖	基于纳米光学探针的生物医学传感检测技术	赵元弟、刘波、李永强、曹元成、王建浩
84	2021	湖北省技术发明奖	二等奖	复杂精密金属构件多激光3D打印技术与装备	王泽敏、曾晓雁、李祥友、朱海红、魏恺文、范有光
85	2021	湖北省技术发明奖	二等奖	多波长高速光网络抗截获传输技术及应用	刘德明、邓磊、程孟凡、刘陈、孙琪真、杨奇
86	2021	冶金科学技术奖	一等奖	高端板带连续生产线激光电弧复合焊接新技术研发与应用	曾晓雁（排名第1）、高明（排名第4）、龚梦成（排名第7）等
87	2021	中国电子学会科学技术奖（自然科学）	二等奖	一维结构半导体材料生长机制、缺陷物理和特性应用	唐江、陈超、宋海胜、王亮、陈时友
88	2022	湖北省自然科学奖	一等奖	原子分子量子瞬态过程的阿秒操控与超高时空分辨测量	陆培祥、兰鹏飞、周月明、曹伟、何立新

续表

序号	年份/年	奖励名称	等级	获奖项目名称	获奖人员
89	2022	湖北省自然科学奖	一等奖	一维链状半导体的物理性质和光电器件研究	唐江、陈超、周英、王亮、李康华
90	2022	湖北省科技进步奖	二等奖	工业级系列超快激光器及应用装备研发与产业化	朱晓、王海林、杨立昆、李杰、朱广志、曹涛、刘勇、张金伟、黄伟、张兆伟、向阳、曹思洋、汪霈、董静、陈涵天
91	2022	湖北省科技进步奖	二等奖	基于深度学习的冠状动脉、肺动脉CTA辅助诊断系统的研究及临床应用	王植炜（排名第3）等
92	2022	湖北省自然科学奖	三等奖	能源催化材料局域电子态调控及反应动力学机制	王春栋、李志山、于锋、敖翔
93	2022	王大珩光学奖中青年科技人员奖			王健等

国际奖励

序号	年份/年	奖励名称	等级	获奖项目名称	获奖人员
1	2006	SC 06存储挑战决赛奖			
2	2009	IEEE封装分会杰出技术成就奖			刘胜等

续表

序号	年份/年	奖励名称	等级	获奖项目名称	获奖人员
3	2008	中国卓越研究奖（Thomson Reuters Research Fronts Award）		Highly efficient four-wave mixing in a double-Lambda system in an ultraslow propagation regime, Phys Rev A（2004年70卷053818页），Y Wu & X Yang	吴颖、杨晓雪
4	2011	第39届日内瓦国际发明	金奖	大容量传感无源光网络器件与应用	刘德明等
5	2012	第40届日内瓦国际发明	银奖	混合波分时分复用无源光网络	刘德明等
6	2012	第40届日内瓦国际发明	银奖	碟片固体激光器	朱晓等
7	2013	第41届日内瓦国际发明	金奖	辐射探测系列产品和解决方案	谢庆国等
8	2013	第41届日内瓦国际发明	银奖	古墓防盗光纤地波微震动探测报警系统	孙琪真等
9	2013	第41届日内瓦国际发明	银奖	一种钛酸锶钡半导体陶瓷的制备方法	姜胜林等
10	2014	第42届日内瓦国际发明	银奖	基于非易失存储器的融合存储设备	冯丹等
11	2015	第43届日内瓦国际发明	金奖	大容量光盘库系统	曹强、谢长生、姚杰
12	2015	第43届日内瓦国际发明	金奖	400G集成相干接收机	余宇等
13	2015	第43届日内瓦国际发明	金奖	高精度宽光谱穆勒矩阵椭偏仪及纳米结构无损测量方法	刘世元等

续表

序号	年份/年	奖励名称	等级	获奖项目名称	获奖人员
14	2017	2017年度 IEEE Communications Society（通信学会）Fred W. Ellersick Prize		云边缘缓存"Cache in the air: exploiting content caching and delivery techniques for 5G systems"	
15	2017	第45届日内瓦国际发明	金奖	高灵敏度即插即成像头盔式 PET	谢庆国等
16	2017	第45届日内瓦国际发明	金奖	个人剂量仪 Rad-Targe-Mini	谢庆国等
17	2019	第45届日内瓦国际发明	金奖	用于大尺度光伏应用的可印刷介观钙钛矿太阳能电池	韩宏伟、梅安意、胡玥等

二、教学获奖

省部级奖励

序号	年份/年	奖励名称	等级	获奖项目名称	获奖人员
1	2018	教育部国家级教学成果奖	一等奖	整合产业学科优势，基于"一课三化"举措，推进光电专业创新人才的群体培养	张新亮、杨晓非、江建军、刘劲松、刘继文、柯昌剑等
2	2022	教育部国家级教学成果奖	二等奖	聚焦计算机系统创新能力的"一基两翼全链"研究生培养模式探索与实践	冯丹、秦磊华、李瑞轩、吴涛、李国徽、施展等
3	2022	教育部国家级教学成果奖	二等奖	"三位一体"培养光电学科高层次人才，支撑战略高技术产业发展	唐明、张新亮、孙琪真、邓磊、董建绩、张敏明、唐江等

续表

序号	年份/年	奖励名称	等级	获奖项目名称	获奖人员
4	2022	教育部国家级教学成果奖	二等奖	价值引领、能力驱动,自主培养集成电路创新人才	邹雪城、柯昌剑等
5	2022	第九届湖北省高等学校教学成果奖	特等奖	聚焦计算机系统创新能力的"一基两翼全链"研究生培养体系构建与实践	冯丹、李瑞轩、吴涛等
6	2022	2022年湖北省教学成果奖	一等奖	创新"三位一体"研究生育人模式,培养光学工程学科高层次人才	唐明等

发表的 *Science* 和 *Nature* 论文

发表的 *Science* 论文

作者	文章标题	出版年份
Li, Anan, et al.	Micro-optical sectioning tomography to obtain a high-resolution atlas of the mouse brain	2010
Willner, AE, et al.	A Different Angle on Light Communications	2012
Mei, Anyi, et al.	A hole-conductor-free, fully printable mesoscopic perovskite solar cell with high stability	2014
Chen, Wei, et al.	Efficient and stable large-area perovskite solar cells with inorganic charge extraction layers	2015
Rong, Yaoguang, et al.	Challenges for commercializing perovskite solar cells	2018
Tian, Xinlong, et al.	Engineering bunched Pt-Ni alloy nanocages for efficient oxygen reduction in practical fuel cells	2019
Yu, Boyang, et al.	Thermosensitive crystallization-boosted liquid thermocells for low-grade heat harvesting	2020
Tong, Lei, et al.	2D materials-based homogeneous transistor-memory architecture for neuromorphic hardware	2021

续表

作者	文章标题	出版年份
Zeng, Shaoning, et al.	Hierarchical-morphology metafabric for scalable passive daytime radiative cooling	2021
You, Shuai, et al.	Radical polymeric p-doping and grain modulation for stable, efficient perovskite solar modules	2023
Yu, Boyang and Duan, Jiangjiang	Electrochemical waste-heat harvesting	2023
Zhang, Shuo, et al.	Minimizing buried interfacial defects for efficient inverted perovskite solar cells	2023
Hu, Hai, et al.	Gate-tunable negative refraction of mid-infrared polaritons	2023

（截至 2023 年 12 月 31 日）

发表的 Nature 论文

作者	文章标题	出版年份
Luo, Jiajun, et al.	Efficient and stable emission of warm-white light from lead-free halide double perovskites	2018
Ma, Weiliang, et al.	Ghost hyperbolic surface polaritons in bulk anisotropic crystals	2021
Zhang, Qing, et al.	Interface nano-optics with van der Waals polaritons	2021
Peng, Hanchuan, et al.	Morphological diversity of single neurons in molecularly defined cell types	2021
Foster, Nicholas N., et al.	The mouse cortico-basal ganglia-thalamic network	2021
Munoz-Castaneda, Rodrigo, et al.	Cellular anatomy of the mouse primary motor cortex	2021

续表

作者	文章标题	出版年份
Callaway, Edward M., et al.	A multimodal cell census and atlas of the mammalian primary motor cortex	2021
Guo, Qiangbing, et al.	Ultrathin quantum light source with van der Waals $NbOCl_2$ crystal	2023
Jin, Jian, et al.	Constrained C_2 adsorbate orientation enables CO-to-acetate electroreduction	2023

(截至 2023 年 12 月 31 日)

承担的千万级项目（部分）

承担的千万级项目（部分）

序号	项目类别	项目名称	负责人	总经费/万元	年度
1	横向合作	唯冠集团与华中科技大学共建联合研究中心	谢长生	1000	2004
2	973计划	下一代互联网信息存储的组织模式和核心技术研究	冯丹	2200	2004
3	973计划	原子频标物理与技术基础	高克林	2500	2005
4	支撑计划	300～500 MHz磁共振波谱仪的研制	叶朝辉	2110	2006
5	973计划	基于冷原子与量子点的量子信息处理	詹明生	1908	2006
6	863计划	生物医学关键仪器重点项目	骆清铭	2000	2006
7	国家科技支撑计划	高功率高光束质量气体激光器	朱晓	1469	2007
8	横向合作	小型铷原子钟产业化	盛荣武	2000	2008
9	973计划	蛋白质高分辨结构测定与高效制备技术	刘买利	2521	2009
10	横向合作	PET成像设备的研究与开发	谢庆国	1000	2009
11	横向合作	低成本单极板全固态染料敏化太阳能电池产业化	韩宏伟	2170	2009
12		车载光电指挥仪	王文才	1500	2009
13	横向合作	万盏无极灯道路绿色照明示范工程	高军毅	1270	2009

续表

序号	项目类别	项目名称	负责人	总经费/万元	年度
14	国家自然科学基金委员会创新研究群体项目	生物核磁共振波谱学	刘买利	1200	2009、2012
15	国家工程中心平台项目	华中科技大学下一代互联网接入系统国家工程实验室建设项目	刘德明	1000	2010
16	863计划	浪潮海量信息存储系统及应用示范	冯丹	1850	2010
17	国家科技支撑计划	低成本光纤接入网关键光电子器件的研制	傅焰峰	2369	2010
18	其他部委	9.4 T控制子系统	雷皓	1084	2010
19	国家重大专项	系统级封装设计、测试和可靠性研究	刘胜	1801	2010
20	横向合作	高技术开发	邱衍军	2000	2010
21	横向合作	纳米光刻机	缪向水	2375.82	2011
22	国家重大科学仪器设备开发专项	宽光谱广义椭偏仪设备开发	刘世元	1827	2011
23	973计划	面向复杂应用环境的数据存储系统理论与技术基础研究	冯丹	1288	2011
24	横向合作	三网融合与物联网接入关键技术研究及系统开发	刘海	1000	2011

续表

序号	项目类别	项目名称	负责人	总经费/万元	年度
25	973 计划	活动蛋白质功能的光学分子成像技术新方法研究	骆清铭	1237	2011
26	横向合作	开发 0~4 千瓦连续碟片系列碟片激光器	朱晓	1000	2011
27	国家重大科学仪器设备开发专项	基于共振激发与空间约束的高精度激光探针成分分析仪开发	曾晓雁	2856	2011
28	国家重大科学仪器设备开发专项	500 MHz 超导核磁共振波谱仪的工程化开发	刘朝阳	3499	2011
29	发改委重大装备研制	9.4 T 超高场代谢成像磁共振系统研制	徐涛	1084	2011
30	863 计划	星载铝离子光钟关键技术研究	黄学人	2000	2011
31	国家自然科学基金项目	大气温度风场探测激光雷达	李发泉	1338	2011
32	973 计划	光频标关键物理问题与技术实现	高克林	3500	2012
33	863 计划	功能性临床信息系统研发与应用	刘谦	1512	2012
34	973 计划	囚禁单原子（离子）与光耦合体系量子态的操控	詹明生	3000	2012
35	863 计划	脑机协同视听觉信息处理关键技术及平台研究	李鹏程	1280	2012
36	国家重大科学仪器设备开发专项	显微光学切片断层成像仪器研发与应用示范	骆清铭	4568	2012

续表

序号	项目类别	项目名称	负责人	总经费/万元	年度
37	中国科学院	高精度原子光频标研究	詹明生	1500	2012
38	973计划	蛋白质动态学研究的新技术新方法	唐淳	2900	2013
39	国家重大科学仪器设备开发专项	高频复合超声扫描探针显微镜研发与应用	丁明跃	2033	2013
40	国家重大科学仪器设备开发专项	宽带高速光电信号分析仪设备开发	刘德明	2633	2013
41	国家重大科学仪器设备开发专项	超高分辨率PET的开发和应用	谢庆国	5920	2013
42	国家自然科学基金项目	用于人体肺部重大疾病研究的磁共振成像仪器系统研制	周欣	4400	2013
43	其他部委	核磁共振科学研究平台建设（30000平方米）	许天全	5250	2013
44	国家自然科学基金项目	深紫外固态激光源前沿装备研制	詹明生	1545	2013
45	科技重大专项	现场级多波段红外成像光谱仪开发	赵坤	5515	2013
46	国家重大科学仪器设备开发专项	现场级多波段红外成像光谱仪开发和应用	赵坤	2670	2014

续表

序号	项目类别	项目名称	负责人	总经费/万元	年度
47	其他部委	生物波谱技术平台	张铭金	1650	2014
48	973 计划	灵长类神经回路精细结构成像的新方法和新工具	曾绍群	3000	2015
49	863 计划	1310 nm 波段 4×25 Gb/s 激光器和探测器阵列芯片	孙军强	1087	2015
50	国家重点研发计划	相干同步双原子干涉仪与重力精密测量	王谨	1140	2016
51	国家重点研发计划	航空应急救援机载与任务装备研制	袁红卫	1291	2016
52	主管部门	精密测量	叶朝辉、詹明生	2260	2016
53	国家重点研发计划	高精度原子光钟	高克林	6308	2017
54	国家重点研发计划	基于原子、离子与光子的少体关联精密测量	管习文	2797	2017
55	国家重点研发计划	移动污染源排放现场执法监管的技术方法体系研究	李发泉	2274	2017
56	国家重点研发计划	细胞内蛋白质结构和互作的原位 NMR 分析新技术与新方法	张许	3028	2017
57	国家重点研发计划	大尺寸、高精度复杂金属构件激光增材/减材复合制造技术及装备研究	曾晓雁	1338	2017
58	国家自然科学基金集成项目	高效稳定可印刷钙钛矿太阳能电池关键科学问题研究	韩宏伟	1200	2018
59	国家重点研发计划	蛋白质机器动态、原位结构的整合方法学研究	唐淳	1664	2018

续表

序号	项目类别	项目名称	负责人	总经费/万元	年度
60	国家重点研发计划	有机/无机纳米复合光学薄膜及其显示与节能应用	屠国力	3957	2018
61	国家重点研发计划	完整肝脏三维结构与功能信息的精准介观测量	张智红	2776	2018
62	企业联合实验室	共建华中科技大学-华为技术有限公司下一代存储器件应用技术联合实验室	缪向水	3238	2018
63	企业联合实验室	联合建立和运作"武汉光电国家研究中心-佰钧城联合实验室	陶光明	1500	2018
64	国家自然科学基金委员会创新研究群体项目	大数据存储系统与技术	冯丹	1050	2019
65	湖北省科技厅平台建设	微纳工艺与表征平台建设	张新亮	1000	2019
66	国家自然科学基金仪器项目	基于形态与组学空间信息的细胞分型全脑测绘系统	骆清铭	7232.47	2019
67	国家重点研发计划	超大容量广覆盖新型光接入系统研究及应用示范	付松年	3637	2019
68	国家重点研发计划	面向5G应用的光传输核心芯片与模块	张敏明	1625	2019
69	国家重点研发计划	肺癌的超高灵敏谱学与成像新技术研究	周欣	2740	2019
70	企业联合实验室	华中科技大学-华为先进光技术联合实验室	唐江	2600	2019

续表

序号	项目类别	项目名称	负责人	总经费/万元	年度
71	国家自然科学基金重大项目	细胞中生物大分子结构与相互作用的谱学测量	刘买利	1998	2019
72	国家自然科学基金委员会创新研究群体项目	生命波谱与成像	周欣	1050	2019
73	国家自然科学基金重大项目	脑空间信息中脑连接的高分辨光学成像与可视化研究	李鹏程	1981.33	2019
74	国家自然科学基金联合基金项目	NSFC-深圳机器人基础研究中心项目：无人"机-艇"水空协同关键技术及其在海面巡逻中的应用示范	曾志刚	1109	2019
75	国家重点研发计划	非易失性存算一体化忆阻器件与电路研究	缪向水	2253	2019
76	国家重点研发计划	超大容量硅基多维复用与处理基础研究	王健	2627	2019
77	国家重点研发计划	"光电子与微电子器件及集成"重点专项——多材料体系融合集成调制和探测芯片与器件	夏金松	2668	2019
78	国家重点研发计划	硅基可编程重构全光信号处理芯片	张新亮	2773	2019
79	企业联合实验室	共建华中科技大学-高德、乾阳智能科技联合实验室	曾志刚	1000	2020

续表

序号	项目类别	项目名称	负责人	总经费/万元	年度
80	中国科学院关键技术研发团队项目	超（高）灵敏磁共振波谱与成像技术研发团队	周欣	1500	2020
81	国家自然科学基金委员会创新研究群体项目	强场超快光学	陆培祥	1000	2020
82	国家重点研发计划	硅基气体敏感薄膜兼容制造关键技术及应用验证	段国韬	1315	2020
83	国家重点研发计划	大维智能共生无线通信基础理论与技术	江涛	2212	2020
84	企业联合实验室	华中科技大学-华为技术有限公司新型存储技术创新中心	冯丹	1000	2020
85	企业联合实验室	华中科技大学-华为技术有限公司光存储创新中心	谢长生	1200	2021
86	国家重点研发计划	薄膜铌酸锂光子集成关键工艺及集成技术开发（共性技术类）	孙军强	2978	2022
87	国家重大专项（科技创新2030重大项目）	全脑输入/输出环路同步成像和三维重构新方法	邓勇	1350	2022
88	国家重点研发计划	大型、高效承载热控一体化金属构件激光选区熔化增材制造技术	曾晓雁	1750	2022
89	国家重点研发计划	跨波段可调谐激光发射与调制接收集成芯片技术	国伟华	1494	2022

续表

序号	项目类别	项目名称	负责人	总经费/万元	年度
90	企业联合实验室	华中科技大学-北京金橙子激光精密制造技术联合研究中心	邓磊敏	1000	2022
91	国家重点研发计划	光电混合通用计算系统	董建绩	1450	2022
92	国家发改委	GTK光伏电池组件关键技术装备攻关	韩宏伟	3450	2022
93	国家重点研发计划	弱光相位高精度测量研究	孙琪真	1990	2022
94	国家重点研发计划	硅基量子点短波红外成像芯片	刘冬生	1131	2022
95	湖北省技术攻关工程项目	混合集成光电器件研制	王健	1700	2023
96	国家重大专项（科技创新2030重大项目）	小鼠全脑单细胞分辨立体定位三维图谱	李向宁	1000	2023
97	国家重点研发计划	面向新型计算模式的分布式存储系统	周可	3474.62	2023
98	国家重点研发计划	多原子分子聚合体系关联态超快相干调控	陆培祥	2000	2023
99	国家重点研发计划	高效环保型发光及光提取关键材料与器件研究	唐江	1764	2023
100	国家重点研发计划	超大规模光学矩阵多芯粒加速计算系统	王健	1400	2023
101	企业联合实验室	华中大光电中心-联影智融-医工院医学成像技术联合研究中心	李强	1000	2023

研究生获奖

全国优秀博士学位论文奖

序号	学生	论文题目	指导教师	获奖年份
1	董建绩	基于半导体光放大器和光学滤波器的高速全光信号处理	黄德修	2010
2	李安安	用于绘制高分辨小鼠全脑图谱的断层成像系统研究	骆清铭	2013

全国优秀博士学位论文提名奖

序号	学生	论文题目	指导教师	获奖年份
1	舒学文	光纤光栅及其在光子信息技术中的应用	黄德修	2003
2	陈四海	二元光学衍射微透镜阵列研究	易新建	2004
3	王宏臣	氧化钒薄膜及非制冷红外探测器阵列研究	易新建	2008
4	王健	基于铌酸锂光波导的高速全光信号处理技术研究	孙军强	2010
5	骆卫华	光学成像研究大鼠皮层激活与缺血后的血流动态变化	曾绍群	

续表

序号	学生	论文题目	指导教师	获奖年份
6	李德荣	随机扫描双光子显微镜中飞秒激光传输特性研究	骆清铭	2011
7	余宇	全光码型转换的研究	黄德修	
8	兰鹏飞	飞秒激光驱动的阿秒脉冲光源产生及控制	陆培祥	
9	徐竞	高速全光逻辑运算及其应用的理论和实验研究	张新亮	2012
10	王恺	大功率LED封装与应用的自由曲面光学研究	刘胜	2013

湖北省优秀博士学位论文奖

序号	学生	论文题目	指导教师	获奖年份
1	舒学文	光纤光栅及其在光子信息技术中的应用	黄德修	2003
2	张新亮	半导体光放大器用作全光波长转换器的研究	黄德修	
3	陈四海	二元光学衍射微透镜阵列研究	易新建	2004
4	陈长虹	非制冷VOx红外传感器的研究	易新建	
5	程海英	利用激光散斑成像技术实时监测微循血流的动态变化	骆清铭	2005
6	江涛	OFDM无线通信系统中峰均功率比的研究	朱光喜	
7	张智红	基于内源性和外源性荧光分子的肿瘤代谢成像	骆清铭	2006
8	王宏臣	氧化钒薄膜及非制冷红外探测器阵列研究	易新建	2007
9	李向宁	基于多微电极阵列的培养神经元网络特性初探	骆清铭	2008
10	周炜	胶质细胞结构与功能的光学成像	骆清铭	

续表

序号	学生	论文题目	指导教师	获奖年份
11	董建绩	基于半导体光放大器和光学滤波器的高速全光信号处理	黄德修	2009
12	王健	基于铌酸锂光波导的高速全光信号处理技术研究	孙军强	
13	骆卫华	光学成像研究大鼠皮层激活与缺血后的血流动态变化	曾绍群	
14	兰鹏飞	飞秒激光驱动的阿秒脉冲光源产生及控制	陆培祥	
15	李琰	无线宽带网络动态调度与跨层优化研究	朱光喜	2010
16	徐竞	高速全光逻辑运算及其应用的理论和实验研究	张新亮	
17	余宇	全光码型转换的研究	黄德修	
18	李德荣	随机扫描双光子显微镜中飞秒激光传输特性研究	骆清铭	
19	刘宗源	大功率LED封装设计与制造的关键问题研究	刘胜	2011
20	丁运鸿	微环谐振器及其在全光信号处理中的应用研究	黄德修	
21	李安安	用于绘制高分辨小鼠全脑图谱的断层成像系统研究	骆清铭	2012
22	王恺	大功率LED封装与应用的自由曲面光学研究	刘胜	
23	童浩	超晶格相变材料研究	缪向水	
24	杨世永	多用户认知信道的容量域和功率分配的研究	江涛	2013
25	苏挺	EGF诱导的Src信号动力学的实时光学成像研究	张智红	

续表

序号	学生	论文题目	指导教师	获奖年份
26	丁春玲	量子相干介质中自发辐射及相关特性的理论研究	吴颖	2013
27	于源	全光微波信号处理技术的研究	张新亮	2014
28	骆海明	用于鼻咽癌高效靶向诊疗的多肽-脂质纳米探针的研制	张智红	2014
29	王静	改善活体光学成像的光透明皮窗研究	朱丹	2014
30	周月明	强场双电离的关联电子动力学研究	陆培祥	2014
31	夏文	数据备份系统中冗余数据的高性能消除技术研究	冯丹	2015
32	李祎	基于硫系化合物的类神经元突触的认知存储器件研究	缪向水	2015
33	刘昆陇	强场分子解离中核运动和电子局域化的超快动力学研究	陆培祥	2015
34	余亮	智能电网环境下分布式因特网数据中心的能量管理研究	江涛	2015
35	张翔晖	氧化钨和氧化锌一维纳米线阵列的制备和光电器件研究	高义华	2015
36	赵平	基于微纳光纤的无源微小光学器件的研究	张新亮	2015
37	李冲	二芳基乙烯类荧光分子开关的合成、性质及应用	朱明强	2015
38	张国峰	聚集态荧光增强化合物的合成及其应用研究	朱明强	2015
39	张亮	基于游标效应和光程差放大的光纤传感增敏机理研究	刘德明	2015
40	李超	超大容量光纤传输实验与OFDM关键技术研究	余少华	2015

续表

序号	学生	论文题目	指导教师	获奖年份
41	王显福	高性能电化学能源存储器件的设计、集成及其柔韧特性的研究	沈国震	2015
42	刘哲	基于一维半导体微纳结构的柔性光电子器件研究	陈娣	
43	潘登	一种活细胞超分辨成像有机荧光探针构建新策略	张玉慧	
44	李洋	阿秒脉冲及分子结构探测研究	陆培祥	
45	秦梅艳	不同结构的排列分子高次谐波的产生特性研究	陆培祥	

湖北省优秀硕士学位论文奖

序号	学生	论文题目	指导教师	获奖年份
1	吴曙东	微波激射器的量子原理及其性质的研究	吴颖	2003
2	周俐娜	微空心阴极放电的理论及实验研究	王新兵	2005
3	陆承涛	基于CAN总线和GPRS的车载数据采集及传输系统	王芳	2006
4	张宇	基于FPGA的磁盘阵列校验卡的设计	冯丹	
5	周少波	钒氧化物薄膜的制备与性能研究	易新建	
6	董建绩	基于单端SOA的全光波长转换器的理论和实验研究	张新亮	
7	龚玮	对象存储文件系统的设计与实现	冯丹	2007
8	张葱仔	对象存储控制器的硬件设计与实现	冯丹	
9	林汝湛	高性能PZT系热释电陶瓷材料研究	姜胜林	
10	赵婵	基于SOA的全光逻辑门	张新亮	
11	徐帆	SOA环形腔激光器应用的理论与实验研究	张新亮	
12	李微	水中气泡光散射特性及仿真研究	杨克成	

续表

序号	学生	论文题目	指导教师	获奖年份
13	叶俊	轻量级网络存储协议 vSCSI 的设计与实现	冯丹	2008
14	赵亮	基于高非线性光纤的四波混频效应及其应用研究	孙军强	
15	马子文	晶圆低温键合技术的工艺仿真研究	史铁林	
16	吕新友	冷原子介质中光学双稳态和多稳态的半经典理论研究	吴颖	
17	李祚衡	块级连续数据保护技术的研究	周可	2009
18	王阳	基于半导体光放大器的全光逻辑运算	张新亮	
19	王凯	周期性贵金属纳米颗粒阵列的制备及其光学性质的研究	陆培祥	
20	顾华勇	微纳深沟槽结构光学反射特性与参数提取算法研究	刘世元	
21	司留刚	单分子磁体中超慢孤子形成的理论研究	吴颖	2010
22	李国栋	面向查询操作的元数据服务器集群负载均衡方法研究	华宇	
23	曹迎春	基于光子晶体光纤的全光缓存技术研究	陆培祥	
24	范姗	容灾备份系统中存储服务器关键技术研究与实现	冯丹	2011
25	邵士茜	硅基集成光栅耦合器及其偏振无关特性研究	汪毅	2012
26	李响	微波光子学滤波器及其应用的研究	张新亮	
27	左海波	仿蝴蝶鳞翅微纳结构光学特性研究	史铁林	
28	黄冬其	相变存储器单元高速擦写测试方法及相变材料非晶化机理研究	缪向水	2013
29	张文华	并行文件系统数据迁移研究与实现	谭支鹏	
30	李海波	低复杂度的降低 OFDM 信号 PAPR 的优化方法的研究	江涛	

续表

序号	学生	论文题目	指导教师	获奖年份
31	罗博文	基于光学环境的超宽带脉冲处理技术研究	董建绩	2014
32	吴文涵	面向新型调制格式的多信道偏振复用信号处理	余宇	
33	叶琛	OQAM-OFDM系统中基于无失真的降低峰均功率比方法研究	江涛	2015
34	戴怡	高精度光纤液位传感机理及应用研究	孙琪真	
35	谭斯斯	基于微分和积分器件的微分方程的全光求解	张新亮	
36	郑傲凌	基于硅基集成器件的光学时域微分器的研究	董建绩	2016
37	秦梦瑶	基于硫化银量子点的荧光-CT纳米探针的制备及其靶向在体成像	赵元弟	

创新创业获奖

序号	获奖项目名称	赛事名称	等级	学生	指导老师	获奖年份
1	慧淬：钢轨的延寿专家	第二届中国"互联网+"大学生创新创业大赛	金奖	孟丽	曾晓雁	2016
2	感知i家：关注老人慢病的智慧家居解决方案	第十届"挑战杯"中国大学生创业计划竞赛	金奖	范小虎	谢长生	
3	M-Cloud：智慧存储云	第三届中国"互联网+"大学生创新创业大赛	金奖	肖芳	周可	2017
4	尚赛：全球OLED核心材料供应商	第三届中国"互联网+"大学生创新创业大赛	金奖	穆广园	王磊	

续表

序号	获奖项目名称	赛事名称	等级	学生	指导老师	获奖年份
5	M-Cloud：大数据的智慧引擎	2018年"创青春"全国大学生创业大赛	金奖	肖芳	周可	
6	深紫外LED——从"芯"定义健康生活	2018年"创青春"全国大学生创业大赛	银奖	梁仁砾	戴江南	
7	基于激光诱导击穿光谱技术的便携式物质成分分析仪	"兆易创新杯"第十三届研究生电子设计竞赛	二等奖	崔灏灏	李祥友	2018
8	深紫外LED——从"芯"定义健康生活	2018年"创青春"全国大学生创业大赛	银奖	梁仁砾	戴江南	
9	原创光芯：中国高端光芯片突围者	第四届中国"互联网+"大学生创新创业大赛	金奖	刘功海	国伟华	
10	新型柔性Sb_2Se_3薄膜太阳能电池	第六届中国研究生能源装备创新设计大赛	一等奖	李康华	唐江	2019
11	基于激光探针的矿物快速检测技术研究与装备设计	第六届中国研究生能源装备创新设计大赛	二等奖	闫久江	李祥友	
12	英睿红外——新一代量子点短波红外光敏材料开拓者	第十二届"挑战杯"中国大学生创业计划竞赛	银奖	李豪	唐江	2020
13	数据库智能管家的创新与探索	第七届中国国际"互联网+"大学生创新创业大赛	金奖	周瑞松	刘渝、周可	2021
14	原创成像光学，打开新颖视界	第七届中国国际"互联网+"大学生创新创业大赛	银奖	黄凯	曾绍群	

续表

序号	获奖项目名称	赛事名称	等级	学生	指导老师	获奖年份
15	睿芯红外——新一代短波红外成像芯片开拓者	第八届"创青春"中国青年创新创业大赛	金奖	陈龙	唐江	2021
16	睿芯红外——新一代短波红外成像芯片开拓者	第十七届挑战杯"黑科技"专项赛	"恒星"级作品	陈龙	唐江	
17	面向广色域、低成本的"绿色"显示面板	第十七届挑战杯"黑科技"专项赛	"行星"级作品	李京徽	唐江	
18	深紫外LED,用"芯"守护健康中国	第十七届挑战杯"黑科技"专项赛	"行星"级作品	郑志华	戴江南	
19	巨安储能——全球首创自分层液流储能系统	第八届中国国际"互联网+"大学生创新创业大赛	金奖	孟锦涛	段将将	2022
20	EB级块存储系统智慧大脑的创新与实践	第八届中国国际"互联网+"大学生创新创业大赛	金奖	郭潇俊	王桦、周可	
21	光迹融微:新一代高性能激光雷达芯片领军者	第八届中国国际"互联网+"大学生创新创业大赛	金奖	魏子琛	余宇	
22	全球首创自分层储能系统	第九届"创青春"中国青年创新创业大赛	金奖	孟锦涛	段将将	
23	云存智维——云块存储智慧管理引领者	第九届"创青春"中国青年创新创业大赛	金奖	郭潇俊	王桦、周可	

续表

序号	获奖项目名称	赛事名称	等级	学生	指导老师	获奖年份
24	光迹融微：新一代高性能激光雷达芯片领军者	第十三届"挑战杯"中国大学生创业计划竞赛	金奖	魏子琛	余宇	2022

华为"天才少年"

学生姓名	导师	入选年份
左鹏飞	华宇	2019
张霁	周可	2020
姚婷	万继光	2020
李鹏飞	华宇	2023
杨豪迈	万继光	2023

光电信息学科优秀校友（部分）

学术界优秀校友

姓名	单位，职务/职称	毕业年份
骆清铭	中国科学院院士，海南省政协副主席，海南大学校长，海南省科协主席	光电子工程系1989届硕士、1993届博士
汪立宏	美国工程院院士，加州理工学院Bren讲席教授	光学工程系1984届学士、1987届硕士
方忠	中国科学院院士，中国科学院物理研究所所长	物理系1991届学士，激光国家重点实验室1996届博士
江泓	美国德克萨斯大学阿林顿分校教授、主任	电子计算机专业1982届学士
杨庆	美国罗德岛大学教授	电子精密机械（后改为计算机外部设备）专业1982届学士
周治平	北京大学教授	工学1982届学士、1984届硕士
钟敏霖	清华大学教授	光学工程系1983届学士
陈明章	天通一号卫星总设计师	磁性材料与器件专业（后改为电子科学与技术专业）1983届学士
任秋实	北京大学教授	光学工程系1984届学士
潘应天	美国纽约州立大学石溪分校教授	光学工程系1985届学士
仲冬平	美国俄亥俄州立大学讲席教授	激光物理专业1985届学士

续表

姓名	单位，职务/职称	毕业年份
孟令奎	武汉大学教授	计算机系统结构专业 1990 届硕士、1994 届博士
张新亮	西安电子科技大学校长	光学专业 1992 届学士、2001 届博士
黄永峰	清华大学教授	计算机器件与设备专业 1992 届硕士
冯铃	清华大学教授	计算机科学与工程专业 1990 届学士，模式识别与智能控制专业 1995 届博士
龚威	武汉大学教授	光学专业 1993 届学士，物理电子学专业 1999 届博士
王军	美国中佛罗里达大学教授	1996 届硕士
何绪斌	美国天普大学教授	计算机软件专业 1995 届学士
蔡巍	美国斯坦福大学教授	光学专业 1995 届学士
张靖	山西大学教授	光学专业 1995 届学士
韩冀中	中国科学院信息工程研究所网络空间技术实验室执行教授、主任	计算机科学与技术专业 1995 届学士
秦啸	美国奥本大学教授	计算机软件与理论专业 1996 届学士
李肯立	湖南大学副校长，国家超算长沙中心主任	计算机软件与理论专业 2003 届博士
杨明红	武汉理工大学教授	激光技术研究院 2003 届博士
邓玉辉	暨南大学教授	计算机外存储系统国家专业实验室 2004 届博士
刘谦	海南大学教授	电子与信息工程系 1999 届学士，生物医学工程专业 2002 届硕士、2005 届博士
付玲	海南大学教授	光电仪器与技术专业 1999 届学士，物理电子学专业 2002 届硕士

续表

姓名	单位，职务/职称	毕业年份
唐卓	湖南大学教授	计算机应用技术专业2008届博士
邹磊	北京大学教授	计算机科学与技术专业2003届学士
田晖	华侨大学教授	计算机系统结构专业2010届博士
毛波	厦门大学教授	计算机系统结构专业2010届博士
何水兵	浙江大学教授	计算机系统结构专业2009届硕士
谭玉娟	重庆大学教授	计算机系统结构专业2012届博士
曾令仿	之江实验室研究员	计算机系统结构专业2006届博士
岳银亮	中关村国家实验室研究员	工学2011届博士
蔡鑫伦	中山大学教授	光电子工程系2004届本科、2007届硕士
张俊文	复旦大学教授	光信息科学与技术专业2009届本科
张杰君	暨南大学研究员	光学工程专业2012届硕士
游思贤	美国麻省理工学院助理教授	光电信息工程专业2013届本科

企业界优秀校友

姓名	单位，职务/职称	毕业年份
刘波	中电海康集团首席科学家，自旋芯片与技术全国重点实验室主任	计算机科学与技术专业1982届学士
陈义红	武汉新特光电技术有限公司教授、董事长	激光专业1983届学士，光电子专业1986届硕士
吕启涛	大族激光科技产业集团股份有限公司首席技术官、副总经理	激光专业1983届学士
郑宝用	华为联合创始人、002号员工，曾任华为技术有限公司常务副总裁、总工程师	激光专业1984届学士、1987届硕士
孙文	楚天激光集团股份有限公司董事长	激光专业1985届学士

续表

姓名	单位，职务/职称	毕业年份
郭平	华为技术有限公司监事会主席	计算机系1986届学士、1989届硕士
陈宗年	中国电子科技集团公司第五十二研究所所长，杭州海康威视数字技术股份有限公司董事长，中电海康集团董事长、党委书记	计算机外围设备专业1986届学士
马新强	华工科技产业股份有限公司党委书记、董事长	1987届学士
黄元忠	深圳市方直科技股份有限公司董事长兼总经理	计算机系硕士
胡扬忠	杭州海康威视数字技术股份有限公司总经理、董事	计算机系1989届硕士
向际鹰	中兴通讯股份有限公司首席科学家	光电信息学院1993届学士、1996届硕士、1999届博士
倪成	上海联影医疗科技股份有限公司副总裁、放疗事业部总裁	
马宏	烟台睿创微纳技术股份有限公司董事长、总经理	物理电子学专业2003届博士
涂子沛	信息管理专家，科技作家，著名大数据专家，数文明（广州）智能信息科技有限公司创始人	计算机系1996届学士
刘健	深圳市杰普特光电股份有限公司创始人、总经理	光学工程专业2002届硕士
陈抗抗	武汉安扬激光技术股份有限公司总经理	光信息科学与技术专业2004届学士

续表

姓名	单位，职务/职称	毕业年份
金亦冶	上海简米网络科技有限公司创始人兼 CEO	光电信息学院 2008 届学士
李志刚	武汉帝尔激光科技股份有限公司创始人、董事长	物理电子学专业 2004 届博士
胡强高	武汉光迅科技股份有限公司总经理	光学工程专业 2010 届博士
穆广园	武汉尚赛光电科技有限公司创始人	光学工程专业 2011 届博士
胡攀攀	武汉万集光电技术有限公司法人	光学工程专业 2016 届博士
李博睿	华为技术有限公司研发专家	光学工程专业 2017 届博士
关凯	天津镭明激光科技有限公司总经理	光学工程专业 2017 届博士
程建伟	武汉极目智能技术有限公司创始人	光学工程专业 2019 届博士
范小虎	武汉博虎科技有限公司创始人	计算机系统结构专业 2020 届博士

政界校友

姓名	单位，职务/职称	毕业年份
陈俊	湖北省科技厅副厅长	物理电子学专业 2003 届硕士、2007 届博士

曾在 WNLO 工作的优秀校友

姓名	单位，职务/职称	在 WNLO 工作经历
王中林	中国科学院外籍院士，中国科学院北京纳米能源与系统研究所所长，中国科学院大学纳米科学与技术学院院长	2009 年 8 月任武汉光电国家实验室（筹）海外主任

续表

姓名	单位，职务/职称	在 WNLO 工作经历
程一兵	澳大利亚工程院院士，蒙纳士大学教授	2009 年武汉光电国家实验室（筹）国家级领军人才入选者
张希成	美国罗切斯特大学教授	2010 年被聘为华中科技大学兼职教授
李洵	加拿大麦克马斯特大学教授	2010 年武汉光电国家实验室（筹）国家级领军人才入选者
沈平	南方科技大学电子与电气工程系讲席教授	2010 年武汉光电国家实验室（筹）国家级领军人才入选者
胡斌	美国田纳西大学教授	2009 年武汉光电国家实验室（筹）国家级领军人才入选者
刘文	中国科学技术大学教授	2006 年 3 月由武汉邮科院委派，参加武汉光电国家实验室（筹）的筹建工作
余思远	中山大学教授	1987 年 7 月—1993 年 9 月任华中理工大学光电子工程系助教、讲师
迟楠	复旦大学教授	2006 年 6 月，作为高级人才加入武汉光电国家实验室（筹），2008 年 6 月加入复旦大学
闫大鹏	武汉锐科光纤激光技术股份有限公司副董事长兼总工程师	2009 年武汉光电国家实验室（筹）国家级领军人才入选者
卢昆忠	武汉锐科光纤激光技术股份有限公司副总经理	2010 年武汉光电国家实验室（筹）国家级领军人才入选者
徐进林	武汉华日精密激光股份有限公司首席科学家兼常务副总经理	2010 年武汉光电国家实验室（筹）国家级领军人才入选者
李成	武汉标迪电子科技有限公司首席科学家兼常务副总经理	2011 年武汉光电国家实验室（筹）国家级领军人才入选者
王福德	首都航天机械有限公司研究员、总工艺师	2014—2015 年任武汉光电国家实验室（筹）研究员
刘胜	武汉大学教授	2001—2013 年在武汉光电国家实验室（筹）工作

续表

姓名	单位，职务/职称	在 WNLO 工作经历
曹祥东	武汉虹拓新技术有限责任公司董事长	2009 年武汉光电国家实验室（筹）国家级领军人才入选者
沈国震	北京理工大学教授	2009—2013 年在武汉光电国家实验室（筹）工作
杨天若	加拿大工程院院士，加拿大工程研究院院士，欧洲人文和自然科学院外籍院士，计算机专家，海南大学学术副校长	2010 年武汉光电国家实验室（筹）国家级领军人才入选者
夏松	湖北省科技厅副厅长	2014 年 12 月—2022 年 8 月任武汉光电国家研究中心党总支书记、党委书记